石魂

中国·朝阳古生物化石巡礼

Stone Soul

金振华 主编

辽宁大学出版社

图书在版编目（CIP）数据

石魂/金振华主编.—沈阳：辽宁大学出版社，2009.8

中国·朝阳古生物化石巡礼

ISBN 978-7-5610-5880-0

Ⅰ.石… Ⅱ.金… Ⅲ.红山文化—化石—简介—辽宁省

Ⅳ.Q911.2

中国版本图书馆CIP数据核字（2009）第148933号

出 版 者：辽宁大学出版社

（地址：沈阳市皇姑区崇山中路66号　邮政编码：110036）

印 刷 者：大连永发彩色广告印刷有限公司

发 行 者：辽宁大学出版社

幅面尺寸：250mm×260mm

印　　张：11

字　　数：130千字

印　　数：3000册

出版时间：2009年8月第1版

印刷时间：2009年8月第1次印刷

责任编辑：贾海英

封面设计：曹海波

责任校对：李　海

版式设计：于真松　梁传卿

书　　号：ISBN 978-7-5610-5880-0

定　　价：159.00元

联系电话：024—86864613

邮购热线：024—86830665

网　　址：http：//press. lnu. edu. cn

电子邮箱：lnupress@vip. 163. com

编 委 会

主　编　金振华

副主编　王学敏　李学英

撰　稿　李学英

摄　影　王学敏　张秋良　刘长华　金　辉

编　委　赵凌滨　修　璞　王晓东　岑立戈　张正纲　潘立军　刘长华

朝阳城区：凌河竞渡

谨以此书献给热爱化石文化的人们！

This book is dedicated to every person who loves the fossil culture!

辽宁朝阳鸟化石国家地质公园

人类历史步入20世纪80年代的一天，

中国·朝阳这块神秘的土地石破天惊，

亿年一梦的生灵们破土而出，

朝阳人将世界上独一无二的古生物化石群落展示给人类。

这是古老的朝阳对世界一项杰出的贡献。

People in Chaoyang, a city of China,

have made great contribution to the world,

for the world were shocked at the

unique orictocoenosis in Chaoyang on the day in the 1980s when the fossils with 100 million

years of dream were unearthed on the mysterious land.

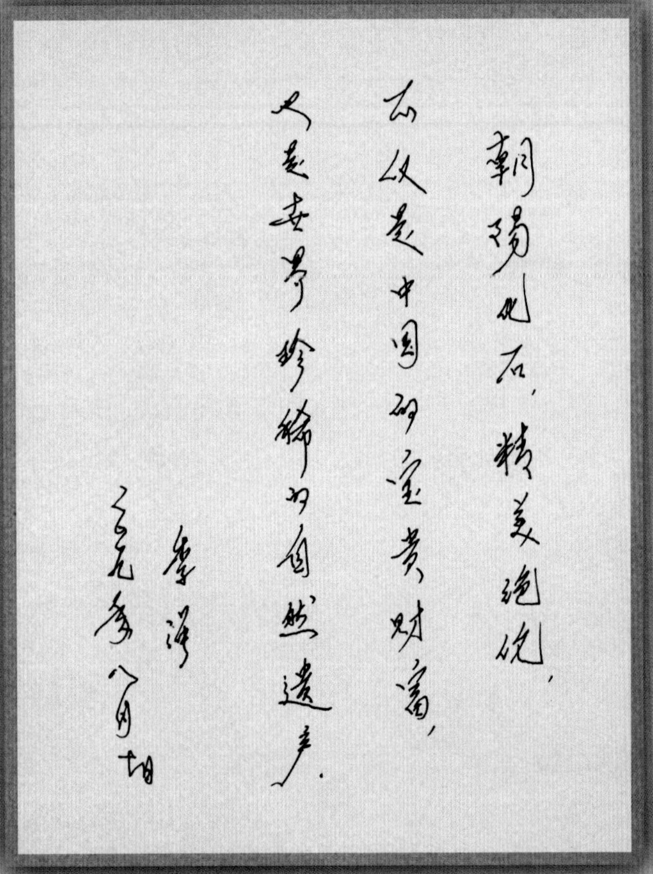

季强：中国地质科学院研究员、博士生导师

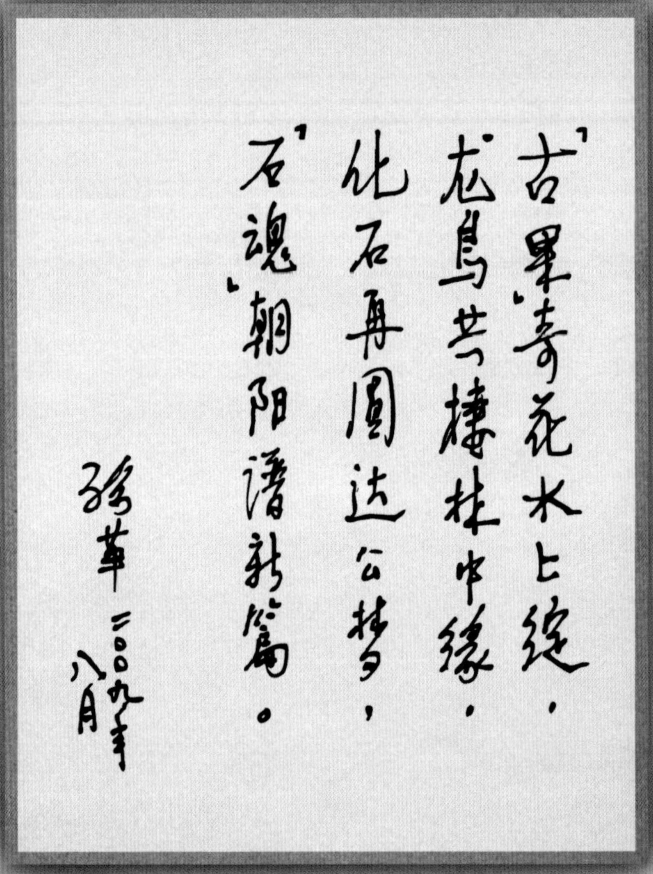

孙革：辽宁古生物博物馆馆长、吉林大学东北亚生物演化与环境教育部重点实验室主任、中国古生物学会古植物学分会理事长

Preface

石魂 | 前言

In the Fossil Kingdom
We are Knowing the Fossil Culture
走近化石王国，感受神奇与壮美

走近朝阳市西郊的上河首村，一座初具规模的古生物化石地质公园就赫然映入眼帘。

2006年5月，朝阳鸟化石国家地质公园项目建设正式启动。在市委、市政府的统一部署下，全体建设者夜以继日地奋战在第一线，使工程建设突飞猛进。2007年9月29日揭碑开园，对外开放。如今，一个功能完备、特色鲜明的主题公园已初具规模，朝阳地区乃至辽宁省公园建设史上的一座丰碑已经悄然屹立。

辽宁朝阳鸟化石国家地质公园二期工程规划图

1997年9月，经国务院批准成立了面积为46.3平方公里的北票鸟化石国家级自然保护区。2002年7月，经市政府批准，成立了总面积10128平方公里的“朝阳市古生物化石群自然保护区”。该保护区设七个分区，每个分区都划分有特级保护的核心区、重点保护的缓冲区和一般保护的实验区。其中，核心区面积为1136平方公里，缓冲区面积为2661平方公里，实验区面积为6331平方公里。全市七个县（市）、区都有化石产出，比较集中的有凌源、北票、喀左县以及朝阳的联合、大平房、东大道、胜利等29个乡镇，41处化石产地。其中最著名的化石产地有北票的四合屯、龙城区的上河首、凌源的大王杖子等。

朝阳古生物化石资源十分丰富，鸟类、鱼类、爬行类、两栖类、哺乳类、翼龙类、双壳类、昆虫类、植物类等众多的种属在我市均有发现。经初步确定，现已发现的中生代古生物化石包括11个门、36个纲、65个目、171个科、343个属、628个种，构成了一个系统的、完整的“热河生物群”。创下了数量最多、种类最全、层位最多、密度最大、科学价值最高等世界之最。朝阳因此被古生物学家们称为世界古生物化石宝库。

朝阳古生物化石群的发现，对于研究和解决鸟类的起源、被子植物的起源、现代哺乳动物的起源、昆虫与开花植物协同演化等世界性难题，都提供了不可多得的佐证。

1996年以来，已有美、英、德、法、日、香港、台湾等50余个国家和地区的500余名古生物学家，以及国内的古生物专家几千人次前来朝阳参观考察。朝阳也被誉为“地球上第一朵花绽放的地方、第一只鸟飞起的地方”、“世界古生物化石的宝库”。化石让朝阳闻名世界、朝阳化石令世界震惊。

朝阳的古生物资源，是大自然赐予朝阳儿女的宝贵财富，是地球演化过程中精彩一瞬留下的珍贵遗迹。保护和利用好这些不可再生的资源，不仅是我们义不容辞的责任，而且是我们肩负的神圣使命。

朝阳鸟化石国家地质公园，以其宏大的规模和独具特色的魅力令参观者赞不绝口。自2007年9月29日开园以来，已累计接待中外游客10万多人次，取得了良好的经济效益和社会效益，已经成为朝阳不可或缺的城市名片和靓丽窗口。

目前，辽宁朝阳鸟化石国家地质公园已被国土资源部授予国土资源科普基地，辽宁省科学技术环保厅，省科学技术学会将其命名为“科普教育基地”。台湾中学生夏令营，两次跨越海峡组团前来参观。面对精美的化石展品，这些远道而来的孩子们兴奋不已，他们表示为祖国大陆有这样的宝藏而骄傲，为自己是一个华夏子孙感到自豪。

开园两年多来，已先后与北京自然博物馆、中国地质博物馆、中科院古脊椎动物博物馆、四川自贡恐龙博物馆、贵州关岭国家地质公园、内蒙古克什克腾国家地质公园、吉林大学地质博物馆、大连博物馆、本溪国家地质公园等公园和博物馆开展了馆际交流活动。接待法国国家电视二台、美国CNN、德国、英国、日本、新加坡联合导报、香港凤凰卫视、中央电视台1、2、4、10频道栏目、中国国际广播电台、辽宁电视台以及境内外的其他30多家新闻媒体的采访报道。

辽宁省委书记张文岳、省委秘书长周忠轩、朝阳市委书记陈铁新、市长张铁民陪同国务院副总理回良玉视察古生物化石馆

中央巡视组组长、中国作协党组书记金炳华在朝阳市委书记陈铁新陪同下参观古生物化石馆

第十届全国人大副委员长盛华仁、法制委主任杨景宇在朝阳市人大主任王树轩、副主任金振华陪同下视察古生物化石馆

朝阳市委书记陈铁新、市长张铁民陪同辽宁省长陈政高视察古生物化石馆

朝阳市政协主席李稀双陪同辽宁省政协副主席胡晓华参观古生物化石馆

原国土资源部副部长、中国古生物化石保护基金会会长蒋承松仔细观看化石

辽宁省委副书记张成寅在朝阳市委副书记姚惠钧陪同下参观古生物化石馆

朝阳市委常委、常务副市长韩军现场研究化石公园建设问题

神奇的石头，惊叹的目光，地质公园已成为学生的天然课堂

兴致勃勃的游人参观化石挖掘原址

Catalogue

石魂 目录

The Elegant Fossil Can Sing a Song
精美的石头会唱歌

“精美的石头会唱歌”，这是木鱼石的传说。

本书展示给读者的图文，却是生动精美的古生物化石，那是从远古走来的鲜活的生灵，它不但会唱歌，会说话，是永存不朽的灵魂，于是书题叫《石魂》。旨在使释书人赏其石，阅其文，悟其魂，得以科学和美的享受。这大概应是本书与其他关于古生物化石图书的不同之处。

可以想象，这些沉睡在古城朝阳地下一亿多年的生灵们，当年作古的时刻该是何等的悲壮。花鸟鱼虫，飞禽走兽，或是迎着太阳，或是伴着月光，或是游乐湖泊，或是吟唱枝头，不论是漫步溪边的情侣，还是觅食草木中的母子，霎那间，大地颤抖，山崩地裂，火山喷发，它们也许来不及惊恐，就被快速的火山灰埋葬沉积，一睡就是亿万年。哪一个生灵都不曾梦想，它们还会有一天再现于世。

世上的万物生灵还有人类，据说都是上帝所造。上帝讲天地良心，总不会亏待了哪一个。当人类的历史转到20世纪80年代的一天，中国•朝阳这块神秘的土地石破天惊，亿年一梦的生灵们破土而出，朝阳人将世界上独一无二的古生物化石群落展示给人类。这是古老的朝阳对世界一项杰出的贡献。2000年5月，来自世界各国的上百名古生物科学家、新闻记者云集朝阳，首次在中国和亚洲召开的世界鸟类与进化大会，在朝阳拉开了序幕。看了朝阳的古生物化石，专家们激动了，记者们呐喊了，许多国家的新闻媒体、科学杂志竞相报道这里的惊世发现。

Prolusion

石魂 | 序言

坐落在朝阳上河首村的“辽宁朝阳鸟化石国家地质公园、古生物化石博物馆”展示已出土的古生物化石20多个门类500多个物种。这些聚集在馆中的远古生灵，它们庄严而自豪地向世界宣告：我们是地球生命的起源，朝阳是我们的故乡！是世界上第一朵花绽放的地方，是世界上第一只鸟飞起的地方。是我们的出现才把茫茫地球、朗朗乾坤装扮得美丽芬芳。

生命从这里起飞。于是朝阳刮起了走向世界的“中国风”。朝阳市委、市政府更是及时、准确地推出了红山文化、佛教文化、三燕文化、化石文化属于自己的“四大文化”品牌。

《石魂》就是在此时应运而生。它既不失其科学本性，又要给读者以美感，这并非一件容易的事。经过朝阳的几位作家、摄影家、化石研究人员的通力合作，方成此书。

现如今，古老文明的朝阳已焕发了青春，沉睡亿年的远古生灵从这里起飞，它将永远伴随着朝阳经济社会又好又快地发展，并在未来的天空中展翅翱翔。

金振华

朝阳市人大常委会副主任、党组副书记
辽宁朝阳鸟化石国家地质公园管理办公室顾问

2009年5月1日

剑龙次亚目
白垩纪

Eternal Love

爱的永恒

龙类

Dinosaurs

恐龙是地球历史上最为著名的一类史前动物。

它们最早出现于2.3亿年前的晚三叠纪，繁盛于侏罗纪和白垩纪，消失于6500万年的白垩世末期。

恐龙的足迹曾遍布地球所有大陆，是生物史上最成功的一类爬行动物。

20世纪90年代中期以来，远古洪荒年代保存下来的宝藏让朝阳一举成名。1996～1998年，中国朝阳吸引了全世界的古生物学家兴奋的目光，因为在朝阳的地层中发现了带毛的恐龙。（本页底图是目前辽西地区发现最大、最完整的禽龙化石）

Being Eager to Fly
渴望飞翔

亿年的埋藏，使它，
失去了羽毛，失去了肌肤，失去了觅食的喙，失去了可以唤起人联想的质感。
剩下的只有骨骼，越过亿年的骨骼。但它仍昂首，展翅，翘尾，双足蹬地，做飞翔状。即使是假设，姿态也矫健着，只要绿地不变，精灵便永生。

Eternal Love
爱的永恒

爱是生命的歌唱，爱是繁衍的经典。当这对做爱的鹦鹉嘴龙化石摆在我面前的时候，惊讶、震惊、敬重、敬仰……无以言表是当时心情的写照。如何给它命名，让化石人和文学人绞尽脑汁：绝唱、爱的绝唱、永恒的爱……

我偏爱永恒。所谓永恒，就是消磨一件事情的时间用完了，但这件事情还在；所谓绝唱，就是这种事情呈现完美状态，完成之后依旧余韵袅袅，前无古人，后无来者，属于一种能量。

天底下最神秘的事情总是与生命有关。生命之美，无美不殇；生命之痛，无痛不扬。这两条龙，温存尚在，生命永存，是真正意义上的龙源。

100 Million Years of Dream
亿年一梦

朝阳胜利乡梅勒营子的鹦鹉嘴龙，
是辽宁最早发现的鸟臀类恐龙。
它常生活在湖沿高地上，以植物为食。
可能像现代的羚羊、鹿类食草动物一样，过着群居生活。
鹦鹉嘴龙常与翼龙在一起共生，被称做鹦鹉嘴龙——翼龙动物群。
是东亚地区早白垩纪特有的一类小恐龙。
在一些标本中，保存着印记非常清晰的皮肤化石，
皮肤上有小的圆形结节，较有规则排列。
这头鹦鹉嘴龙正卧在草地小憩，一梦跃亿年。

Psittacosaurus
鹦鹉嘴龙

这只鹦鹉嘴龙是生活在白垩纪早期的食草动物，某一天早晨正在低头觅食，
附近的火山突然爆发，
漫漫尘埃落定，一个大自然的生灵从此沉睡亿年。
灾难对生命是毁灭，也意味着永生。
一夜醒来，换了人间。

Anchorite
隐者

凌源潜龙也叫水蜥，是一种长颈、长尾的水生爬行动物。
凌源是朝阳最早发现化石的地方。
哈达清格撰于乾隆三十八年的《塔子沟纪略》就有化石的记载：
塔子沟（凌源）西北二十五里，四面皆山，掘地尺余，可得鱼儿石。
并作《鱼儿歌石》一首：嶙峋一片奇形石，势若长鲸奋劲翮。
昆明池水寻不见，何年飞上此山巅。
1999年初，中央电视台报道：
北京自然博物馆鉴定出一件名为“凌源中国水生蜥”的罕见爬行动物化石，
不论在全国乃至全世界，都是全新的古生物类型。
同年同月，中国科学院《古脊椎动物学报》也作了报道，
将其命名为“凌源潜龙”。它的游泳能力不是很强，蛰伏在较浅的湖底，靠食小鱼为生。
凌源潜龙生活在晚侏罗纪与早白垩纪的淡水湖中。
项尾长，有四爪。
因为它生于水底，所以它不张扬，也不浮出水面，
默默地生长在属于它的水底世界。
这不难使人想到大地之水成为潜流，便有了深深的井水。
井水风吹不动，雷击不惊，雨落不涨，天旱不涸。
近之永恒，近之冷寂，近之超然。
老井是潜流之子，厚积薄发，使老井扩展得宽广无限。
当儿孙们需要时，她便无私地赐予，赐予的是绵绵的爱意、
永远的力量和丰富的经验。
井深深，水取之不尽；路漫漫，阅人经验用之不竭。
滚滚的潜流，就这样无私地给予，
全部地给予，永远不尽地给予，自己却隐于地下深处，
默默地、静静地、绵绵地成为人类生存的动力之源，社会进步之泉。
孔子曰：”龙德而隐者也，不易乎世，不成乎名，遁世无闷，不见是而无闷，乐则行之，忧则违之，确乎其不可拔，潜龙也。”
凌源潜龙是否也有此种品格？

Nine-dragon Picture
九龙图

九九归一。
这是一个家族呢！
中间的是爷爷奶奶，外围的成年蜥蜴属于爸爸妈妈的辈份，
还有三条属于孙辈的生灵游在中间被保护的位置，
它们正进行着一次一家九口快乐地在亿年前的沙滩上家庭聚会。
一切安详，直到危险降临。
一切都在瞬间，瞬间便成为永恒。
它们的姿态保持优美，
心态具有传统的保护老人和孩子的意识。
它们一直彼此尊重，欣赏着，直到千年亿年，
就连光阴也让世人相信世上有多美好，
相信：有爱的地方就是天堂。

Monjurosuchus
满洲鳄

1940年的一天，

沦为伪满洲国辖治的凌源县来了一个叫矢部长克的日本人，在牛营子一带，

他发现了两具爬行类化石，不禁惊喜万分。他把这化石命名为楔齿满洲鳄。

满洲鳄是中等大小的离鳄类爬行类动物，是以小鱼、两栖类和无脊椎动物为食的半水生动物。

新中国成立后，中国古生物专家著文认为，满洲鳄与三叠纪的喙、头不同，时代属于侏罗纪。

半个世纪后，地处热河生物群发祥地的凌源，以及北票等地，又发现了大量满洲鳄珍贵化石。

满洲鳄，属爬行纲，头部扁平，吻一般较长，四肢短，尾长而扁平。

此石上满洲鳄显然是发现了猎物，头部前驱，前肢拍入水中，后肢用力蹬踏，长尾飘逸。生命之美跃然石上。

先有鸡还是先有蛋？是哲学家争论不休的一个问题。
而在科学家的眼里，
这几枚巨大的恐龙蛋具有着巨大无比的价值，它是真实的存在，谁先谁后的争论已经无足轻重。
在文学家的眼里，
这几枚巨大的蛋通过温度、通过时间、通过孵化长成了一只只巨大的恐龙，统治着世界。
一切都悄无声息，语言凝固着，失去了表达的能力。
但它们通过时空的隧道，用自身的生命证明着远古。

Initial Phase
初起

恐龙蛋者，恐龙所产之卵也。恐龙，古代爬行动物。中生代昌盛，种类较多。大的长30多米，中生代末期灭绝。

今天，我们只能从动漫中欣赏到恐龙的形象，这种地球上最大的动物，那高大的身躯，啸天的吼叫，惨烈的搏击，都是庞大动物的勇敢之举。

通过对生命意义的执著追问，勇敢是一种高贵的姿态，

是对生活阳光般的负责，始终与值得钦佩的勇士相伴左右，

我们所尊重的正是在没有自私动机时面对风险的精神。

顽劣的环境造就了像恐龙那种坚韧的品质。

今天，周而复始的平淡生活无法滋养勇敢的气质，

因为失去意义的欢快气氛和膨胀的心情很容易使人疲惫以至麻木。

勇敢是美丽而年轻的，跨越生理年龄的栅栏，遂被赋予更深刻的生命意义。

勇敢不是生活的片段，它作为崇高的理念贯穿于生命始终，

从而于心灵深处发出优雅的音律。

Difficulty of Denomination
命名的艰难

这是什么？2007年在北票新发现的80多枚不知何物的东西让专家大为挠头。有的说是盘中蛋，有的说是坑中便。哈哈，意见有趣，走向两极。时间摧毁一切，面目全非，烟里雾里。但最后学者认定：小型恐龙卵。是不是，还有待研究。

Moving
行进中

曾经出版过一本《笔走龙源》的书，意在把中华之龙定位于辽西的朝阳。
这具龙骨出产于辽西的朝阳，嘴酷似鹦鹉，在龙的本意上，又增加了一层美丽的色彩。
龙是中华民族的图腾，是神圣而伟大的代名词。
龙应是生活在海水中的，而海水是由河流湖泊汇聚而成的。
这使人想到了深深的母亲湖。想起了人类最神圣、最伟大的母亲。
女孩儿最终要出嫁，大多要成为母亲的。于是，母亲便成为女人生命中最重要的阶段。
母亲的容颜千差万别，但母亲的情怀却是惊人的一致：没有地域、种族、年龄的差别。
女孩儿好比一条河，不管她多么浪漫、多么隽秀、多么自由，最终大多都要注入湖泊，变成母亲湖。
母亲湖博大，因为她不拒绝涓溪，皆纳其间。在她面前，一切个性、爱好、私欲，都会被她所消融、所同化。
母亲湖的情之切，意之浓，爱之深都是无与伦比的，因为她的爱是天赋的，是无条件的，是以付出青春为代价的，是不图任何回报的。伟大的母亲湖水浇灌着万千生命，荒滩变为绿洲，人世间欢乐拥挤，
母亲的臂弯是人类永远的摇篮，摇篮中的音符是母亲湖慈爱的心音，天上的月亮应是母亲湖的心印，
博大的湖水哺育着亘古的爱心。心月不变，心月不腐，母爱不易。

Dragon on the Back of Tortoise
龟背龙

中国是喜欢用形象来说话的国度。
这条龙发现宇宙变迁的一刹那，留下仰望与疑问的神情，于是它就以这种姿态变成了石头，
不仅成为某个物种的始祖，甚至某些石头变成了某个物种的源头。

Deep Footprints
深深的足迹

足迹，是一种回顾，是一种留存，属于永恒的记忆。
它来自朝阳县的羊山镇，它行走的路程漫长而深刻，是刻在岩石上的历史，已经有2亿2500万年了。
风雨涤荡不去它身上独有的骄傲；
冰雪浸染不透它身上庞大的特质。
那时的羊山一定不叫羊山，它叫恐龙山，不然恐龙的脚印怎会在那里积存，而不是羊的脚印？

Newborn Lizard
初生的蜥蜴

卵生动物，刚刚破壳。
像初生的蜥蜴，又像刚刚出世的蟒蛇。
我见过上百种古生物化石，还是第一次碰到如此奇怪的物种。
伟大的近代分类学家林奈在他的巨著《自然分类》一书中发明了双名法，
即使如此，我们也很难给这个奇特的古生物下个准确的定义。
一亿多年前的地球上，物竞天择，所有生物都在进化与变异之中，我们今天的命名仅仅是便于记忆而已。
姑且称之为“蜥蛇”。
也许，它是恐龙的一种，曾经主宰过圆圆的地球，整整一个中生代。
这是我最珍爱的化石之一。
时下，许多人喜欢养宠物，小猫，小狗，鸽子，鹦鹉，我独宠此物——刚刚破壳而出的新生命——“蜥蛇”。
喜爱的理由还有一个：也许它是世界化石王国里独有的。
宠物，由名词衍生为动宾词组，即宠各种物，物之所在，天之所宠，世界会更美好！

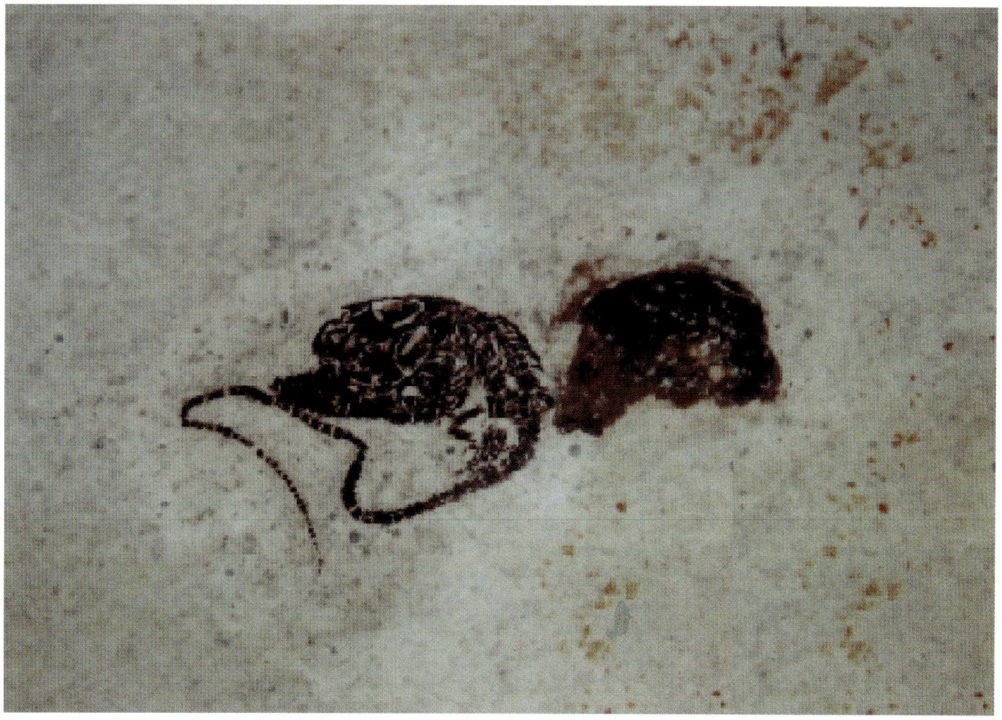

意外北票龙
Beipiaosaurus inexpectus
禁止触摸

Flying Will
飞翔的意志
鸟类
Birds

鸟类是现今最为繁盛的一支陆生脊椎动物，已知9200多种。20世纪90年代，
在朝阳地区发现了大量的中生代晚侏罗世—早白垩世的各种早期鸟类化石。
到目前为止朝阳已出土各种鸟类化石数千枚，其中被命名为孔子鸟的鸟化石引起国内外的极大关注。
朝阳出土的鸟化石为研究早期鸟类和其他生物的生理习性和恢复古环境提供了罕见的证据，创造了六个世界之最：
即年代最早、鸟化石最多、属种最多、密度最大、含鸟化石层次最多、未知领域最广，使鸟类进化方面的研究发生了革命性的变革。
朝阳古鸟化石的发现被称为20世纪最重要的科学发现之一。
一系列鸟化石的发现和研究，打破了始祖鸟在鸟类起源研究领域一统天下的格局，被称为“中生代原始鸟类研究的灯塔”。
目前发现的鸟类化石共有27个属33种。其中，朝阳有20个属25种，为研究鸟类起源、演化及飞行起源等问题提供了最珍贵的古生物证据，
同时，化石体内保存的种子也为研究当时植物的演化提供了佐证。朝阳因发现鸟化石而闻名世界，世界因朝阳发现鸟化石而精彩。中国科学院院士张弥曼称朝阳是“世界级的古生物宝库”。
著名古鸟类学家周忠和说：“中华龙鸟的真正意义在于它是第一件带毛的恐龙化石。带毛的恐龙可以证明鸟起源于恐龙。
鸟有羽毛不奇怪，恐龙有羽毛才是奇特的。”美国著名古生物学家马丁说：“我们对早期鸟类演化的了解，真正革命性的变化，
发生在中国最近的5年中，它们的出现改写了鸟类进化的历史”。

飞翔是鸟的本能，也是它最美丽的精神装饰。

历史博大精深，不是什么都可以在它哪儿占一席之地。而能够占一席之地的也不必都是些庞然大物，像人类的朋友——鸟。她是用自己的肢体语言进入历史，并在历史的天空留下一袭矫健。

鸟类化石向来罕见，并具有重大的科研价值。关于鸟类的起源，主要有爬行类和小型恐龙演化而来两种假说。自1861年德国首次在晚侏罗世地层发现始祖鸟化石以来，各国古生物科学家普遍认为始祖鸟就是鸟类的祖先，并统治世界各国教科书一百多年。从历史的观点看，这种关于始祖鸟为鸟类祖先的认识应该是正确的，但这并不意味着鸟类起源问题已经得到解决。百多年来，世界各国生物学家从未间断过研究，艰难地探寻着各种可能的线索和证据。但由于鸟类骨片脆弱及飞翔的生活方式，其遗体极难形成为化石。一个多世纪过去了，科学家们的不懈努力并未给鸟类起源的研究带来一缕微光，鸟类起源的研究几乎是停滞不前的，成为生命发展史中“四大难题”之一。

可就在辽西，在朝阳，发现鸟化石的地点有朝阳县胜利乡南庐村、波萝赤乡南洼村西大沟、北票市上园镇炒米甸子村黄半吉沟和四合屯。胜利乡和波萝赤的地层堆积属于早白垩纪九佛堂组，上园镇和四合屯属于晚侏罗纪义县组。有三塔中国鸟、燕都华夏鸟、郑氏波萝赤鸟、北山朝阳鸟和圣贤孔子鸟。其中燕都华夏鸟是发现数量最多的体形较小的一类，而且标本保存完整；圣贤孔子鸟是世界上最早的具有角质喙的鸟类，代表辽西最早、形态特征最原始的鸟类，与德国的始祖鸟接近。至1985年辽西地区在侏罗纪和白垩纪地层发现的鸟类化石标本达40余块，远远超过了德国、西班牙、法国、罗马尼亚、蒙古、朝鲜和中国其他地区鸟类化石标本的总和，为探讨鸟类化石系统地位，搞清鸟类的进化谱系提供了条件，辽西已成为世界鸟类学家研究鸟的起源和演化的重要地区。

FLYING WILL
飞翔的意志

天空还是那片天空，而天空上飞翔过的小鸟还是那个小鸟吗？天空中的云朵还是那片云朵，是谁的翅膀支撑着碧蓝的天空和飘逸的云朵呢？我从科学家的笔记中明白，天还是那个天，云还是那片云，而那只充满律动的生命变换着，在倏然间，她和她赖以生存的精灵们一起消失了。她把美丽的羽毛留给了艳阳和风霜，把展翅的姿态交给了泥土；从她的双眸中透出一股强烈的生存意识：巢中还有待哺的雏儿，每天一道飞翔的伴儿正等着她归来。

她死了，但她躯体里依旧闪现着飞翔的灵魂。她属于天空，属于我们现今的世界。朝阳北票得天独厚，在这块土地上就发现了17属24种的1000多件鸟类化石标本，最有代表意义的是以我国古代圣贤孔子所命名的孔子鸟，以及长趾辽宁鸟、三塔中国鸟、北山朝阳鸟、燕都华夏鸟、娇小辽西鸟等，这些物种基本反映了自德国索伦霍芬的始祖鸟（1亿4500万年）到白垩纪（1亿年）鸟类演化过程，从而改写了鸟类始祖的记录。

还是辽西，鸟化石群和数量均居世界第一，创下了16平方米的同一层灰白色凝灰质页岩中，保存了11枚孔子鸟完美个体的“空前”记录。这是鸟的歌声，鸟的歌声总是传得最远，也最嘹亮、最悠扬。因为辽阔是她的舞台，她的舞台没有边界，从南到北从西到东，世界的每个角落都有她们掠过的声影，不然历史怎会屏住呼吸倾听她们的歌唱。

千年一梦，在梦醒时分她依然用她那优美的体态向世界昭示：鸟类是生物中最具特色的动物之一；中华龙鸟的发现被誉为“20世纪末最伟大的科学发现之一。”

她还在飞着，尽管她的翅膀没有鼓动并已经定格，但时间和空间从不休息，也没有尽头。一切都是静静的，连同天空和云朵，然而透过寂静，人们都在执著地倾听，用上亿年的光阴注视着她悬在空中的姿态和她给人类留下的精神振奋。

古鸟破土，不鸣惊人。

Warbling From the Branch

唱在枝头

前上颌吻端有一特殊的豁口，
骨鼻突长，额骨短，顶骨发育，最后的个腰椎突愈合，尾椎已基本愈合，
这一重要特征表明孙氏孔子鸟向鸟类进化了一大步。
大自然是一个平衡的整体，
所有的生灵是其中的一类，是生命链上的一环，
有缺失，自然就有新生的补充，消失自会以其他方式重现。

Await Applellation
等待命名

我不知道这是一只什么鸟，
反正它姿态优美着，不因为自己没有名字而害羞，也没有因为自己被压抑着而失去动感。
它的头歪着，身体扭曲着，腿脚支撑着，奋力地向上……
它是渴望着蓝天，渴望着被人理解，还是渴望着重见天日？

Elegant Dancer
翩跹舞者

鸟是天空的精灵，是天幕上的翩翩舞者。
当城市的天空被烟尘翳蔽，而鸟儿群飞，让我们想起这是天空；
鸟儿在空中转折，那是仰面看到的惟一的美丽。
恍然想起了乡村，那里时而也有鸟儿飞过，让人感到乡村的天空是活的，
不仅有星星月芽儿，还有鸟。
鸟用肢体语言告诉人们四季和晨昏。
鸟儿总是在阳光中穿行，树木向鸟儿伸出臂膀接她栖息，让她筑巢。
鸟儿为世界献上优美的歌声。每当鸟儿们在空中盘旋，使我们看清了羽翼的全部。
每一根翎像扇骨一样排列着，精美而健劲。
她们一遍又一遍抚摸着高远的天空，
仿佛这样可以把天擦干净，把梦也还给人们。

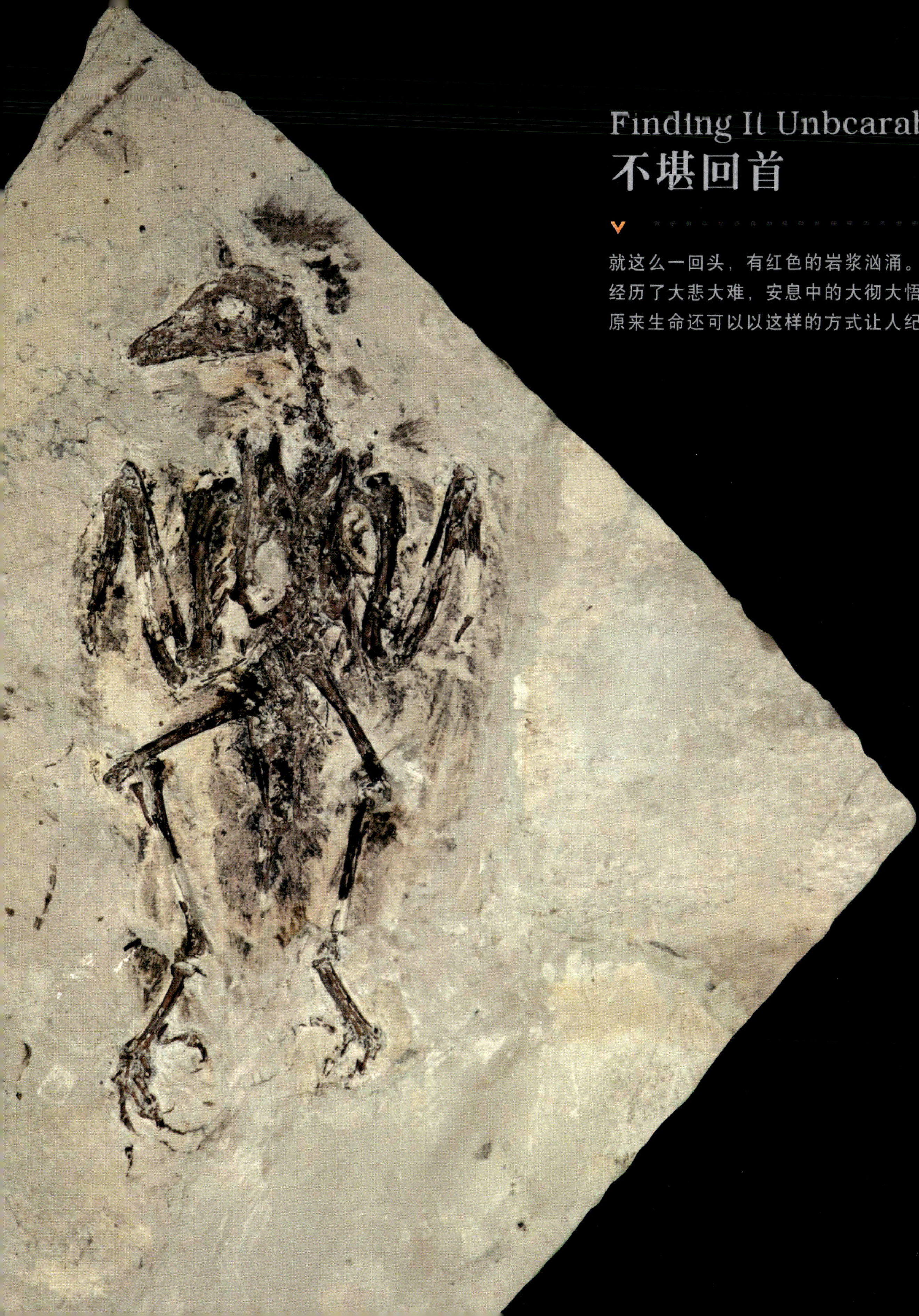

Finding It Unbcarable to Recall

不堪回首

就这么一回头，有红色的岩浆汹涌。收缩翅膀也来不及了。
经历了大悲大难，安息中的大彻大悟。
原来生命还可以以这样的方式让人纪念。

In a Dream
梦中

美好者的梦中都美好。
以收拢的姿势做着翱翔千里的梦。
在梦里她一定是乖的。

Life
生命

模糊，也是审美的一种，充满神秘和朦胧美，给人以无限的虚幻与遐想，甚至魔幻。如躁动于母腹中的婴儿，孕育过程中的生命。胎生，不是人这种高级动物的专利，但却昭示了所有母性的伟大。分娩是庄严的诞生，老子《道德经》云："出生入死"。
对生命应该尊重，对自然应该敬畏，对美应该真爱。
这"手帕"是亚当和夏娃遗失人间的吗？
感谢上帝创造了男人与女人，使生命延续不断。

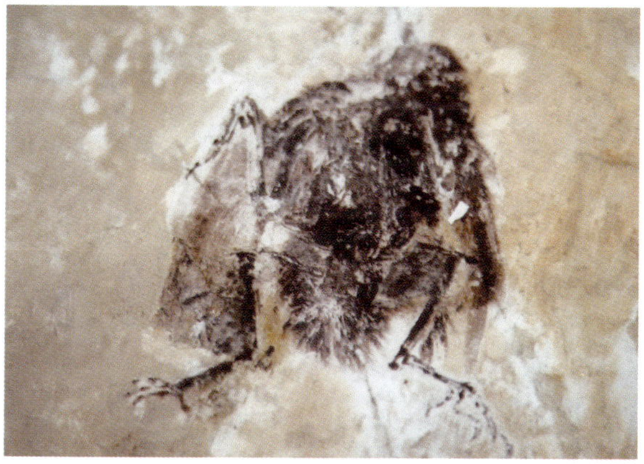

Dickly Birds
丽鸟

她不是丽鸟，
丽鸟是我的一种形象的说法。她是辽西娇小鸟。
这是一种个体非常小的原始鸟类，属反鸟类。
头高而短，吻尖。
如在笼中腾飞，带着华丽的羽毛，在一个短暂的雷雨之后，
上升，又降落，最后被固定下来。
高温及火焰把她蜷成一团，我便看到了她的痛苦与无奈。
她的美艳美丽美好随着季节消失，
留下的是后人穿越时空的想象。

Take the Curtain with Smiles
微笑着谢幕

鸟是灵物，眼界很高，看的是宇宙瞬息万变；
翅膀很韧，搏的是空中万点尘埃。
因为有灵，所以才有结束时的优雅。
抱拳作揖，给自己给今后都有个交代。

Take a Glance Back
瞬间回眸

都说眼睛是心灵的窗口。当我看到这只眼睛时，
我的心在暗地里不由自主地颤抖起来，久久不息。

Aspiring to Live
向往活着

孔子，中国的圣贤，世界的圣贤，
以他命名的物种一定是具有他的才能与厚重。
辽西鸟化石种群和数量均居世界第一，
曾创下了16平方米的同一层灰白凝灰质页岩中，
保存了11枚孔子鸟完美个体的“空前”记录，成为“革命”性的发现，
成为1995、1998年度全球一百项重大科技新闻之一，填补了始祖鸟之后的重要进化环节。
这是一个体态特征与始祖鸟最为相近的一种古鸟类化石，两个翅膀上还长有一对强壮的爪钩。
在德国始祖鸟的产地索伦霍芬地区的一个博物馆中就收藏陈列了一个产自辽西北票四合屯的孔子鸟化石。
她的死亡，
不是瞬间，而是受外界的侵扰而慢慢地死去。
腿屈着，一只翅膀支撑着身体，一只翅膀努力地起飞。
头仰着，在呼唤。
活着，只剩下了向往。

The Moment of Take-Off
起飞瞬间

双腿用力后蹬，翅膀开合之际定格。
她的眼睛圆睁，于无言中结构了人类的话语，无法回避的痛苦之旅。

Play Around the River
游戏河边

有很多种情形可以想象，身边有鱼不寂寞。
那天它一定是到了河边，捉鱼果腹。
不幸来临，同时涅槃，鱼成了永远的诱惑。

刚刚破壳而出，还没来得及抖开翅膀，还没有望见不远处的天空。毛绒绒的质感，混沌沌的形态，一切在生命初始的季节凋零，可惜可叹！

Enjoying Life
感动生命

谁？
怎么啦？
他歪着颈项刚一询问时，山崩地裂，火光冲天。
不知名的生命，来不及伸出双臂，来不及走出家门。
面对生命中的感动，我想他无奈里更有无悔。

Beautiful Imagination

美丽的想象

关于鸟类的起源，有三种假说，
第一个也是历史最久最有影响的假说，是恐龙起源假说。
1870年由英国博物学家赫胥黎提出。
第二个是南非古生物学家1913年提出的槽齿类说。
荷兰古生物学家赫曼在其发表的第一部阐述鸟类进化问题的经典著作《鸟类的起源》中，
支持这种假说。
第三个是英国沃尔克1972年提出的鳄类起源假说。
这是一片分不清归属的化石，究竟是什么还需要科学家的认定，
想象是美丽的，却具有不确定性。
满洲鳄与鸟的距离也许只有一步之遥。
文学创作更需要想象力。
文学家的想象虚幻而美丽，科学家的想象“胆大包天”，却接近真理。

Flying Against the Wind
迎风飞翔

读这张图，感受海涅的诗行：
“爱我者我致以叹息／
恨我者我报以微笑／
无论头顶是怎样的天空／
我将迎接任何风暴。”

Taking-Off
腾飞中

如花在盛开时摧折，如人在青春时凋零，留下的都是一番惋惜与感慨。
时间给天空留下不同的场景，每一个瞬间都有别开生面的神秘，这种神秘就是宇宙的秘密，无法制止和拒绝。

Murmur
私语

彼此专注的神情，只有动物界才有的姿态，
尤其在现代社会很难寻见人的倾听。
彼此静静地聆听，进行一次穿越时空的心灵体验。

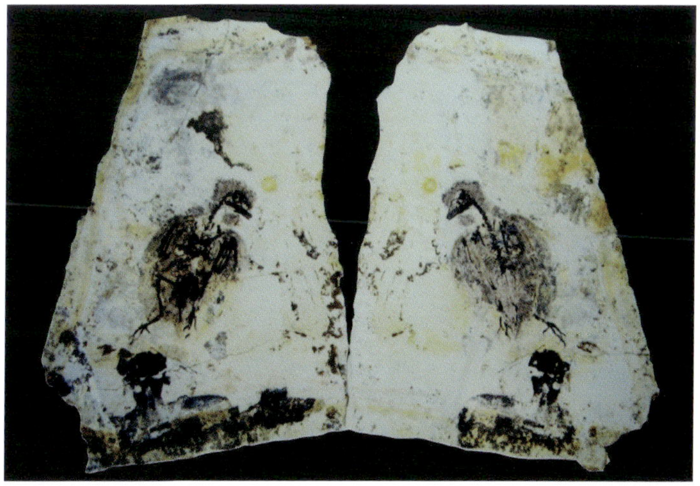

Have a Promising Future
万里鹏程

展翅4米有余，半个天空被覆盖。身小翅长，气宇非凡。
一定是最快的速度，而就是这种优雅的灵物被造物主施了咒语。
悲情至今萦绕，她的消失，心想就疼。

Waking up after a Dream
大梦初醒

刚刚还做了一个永恒的梦，就生命永恒，这是怎样的修炼！
舒舒服服的生理快感，温温情情的视觉盛宴。
此生足矣！

Keeping Eternal in Hardship
在悲壮中永生

一直是向前的，
一直是飞翔与奔跑的。
因为碰撞，
因为躲闪不及，
所以时间看到了她以奋进的精神存在。

Paradise in the Dream
梦中有天堂

弯曲、直立，两极态势在一幅画面中呈现，
只有中华龙鸟才有的造型，
如今被我津津乐道，
而我的语言此刻如此贫乏，
就想起了杜拉斯：“比较起来，我更爱她备受摧残的容颜。”

Flickering Posture

摇曳的姿态

鱼类

Fish

恐龙在地球上存在了1.6亿年，而鱼类已存在了4亿多年。

显而易见，鱼类是历史最长的脊椎动物。它还是地球上一个特别庞大的类群。在现生的脊椎动物中，鱼类是种类最多的动物，有21700多种。在朝阳化石发现中，鱼类是发现最早的也是最多的。

鱼的眼睛永远都是睁着的，尽管它视力不佳，视野有限，但它总是看不够周围的美好，面对这样一双眼睛。人们开始失语，开始正视自身。

这条鱼死了，被河床的变形挤压而死。它是在自由自在行进的过程中突然死去的，事前没有一点征兆，也没能和它的孩子及亲人对话，它不无遗憾，嘴张着，似乎有话在说，也似乎在呼喊，告诉它的孩子们：别过来，这儿危险。它还有许多的心愿没有完成，但它并不遗憾，因它死的既悲壮又美丽，活着的时候是一条生命，死后却变成了两个，并且灵魂复活，同样的姿势，同样的心情。

朝阳出土最多的化石应属鱼化石。狼鳍鱼。它生存于中生代后期晚侏罗纪至白垩纪，距今约2.5～0.7亿年，属原始真骨淡水鱼类，由于火山喷发，地壳抬升，大量湖泊变成陆地，致使这种鱼类灭绝，只保留清晰密集的鱼形纹络，头、尾、鳍和脊椎骨。辽西中生代狼鳍鱼在新中国成立之前就有发现。至20世纪80年代中期发现的狼鳍鱼包括五个种类：一、室井氏狼鳍鱼化石：是一个较大的鱼类，长80～100毫米，短纺锤形，头短小吻圆钝，尾鳍叉裂深，鳞大，尾柄较细。二、戴氏狼鳍鱼化石：体态纺锤形，大小不一，体长约头长的3.5倍，口裂深，牙齿细小。三、德永氏狼鳍鱼化石：产自凌源和喀左，较集中地点为凌源小城子乡下洼村西北2公里山坡上，蕴藏在灰褐色页岩层面上。是一种小狼鳍鱼，长约70毫米，体位最高部位于胸鳍部，体高约为全长的1／7，头高，眼靠前，口裂略上斜。四、长头狼鳍鱼化石：体细长，最高部居头后，头较长，大于体高，眼窝大，口裂较浅，背鳍起点居臀起点之前，尾鳍深叉形。

Flickering Posture
摇曳的姿态

五、脆弱狼鳍鱼化石：分布在晚侏罗纪万佛堂组地层，长约70毫米，最大体高位于胸鳍之后，头中等，头长大于体高，下颚略突伸，牙齿锥形，尾鳍深叉形，尾柄高。

1965年在北票市炒米甸子尖山沟的义县组晚侏罗纪至白垩纪地层发现大量潘氏北票鲟鱼。该鱼属于鲟目北票鲟科，是一种较大的喜暖鱼类，头骨略宽而低平，吻短而圆钝，体长一般40～250毫米，上颚骨和齿骨均为长形骨片，下鳃盖骨略呈圆片形，鳍大，背鳍无棘鳞，胸鳍略大，腹鳍位于体中部，臀鳍较背鳍略大。北票鲟作为鲟类为数不多的古老鱼种，对探讨鲟类的起源、进化和原始鱼类的系统关系都具有重要意义。

辽西是值得骄傲的辽西，朝阳是值得骄傲的朝阳，当然除了叙述过的几个鱼种外，更有吉南鱼、华夏鱼、隆德鱼、副狼鳍鱼。鱼是水中骄子，更与环境保持着密切友好关系。辽西在中生代时地壳活跃，火山不时喷发。鱼同其他物种一样不断地经受灾难。事物都是辩证的，正是由于这些灾难，使我们今天的人有缘看到众多保存完好栩栩如生的鱼类化石。鱼是最具生命力的，即使一条河流干涸了，干涸了上千上亿年，临死前的鱼也会把它的希望寄托，鱼籽被撒向陆地，就在陆地上生存，等待生命的再次降临。它们的努力没有白费，空气湿润了，陆地有了积水，这些鱼籽便有了生活的空间，它们以最快的速度向世界昭示：我们是不会灭绝的物种，动物大会上我们更不会缺席，并且以其自身的形状与方式重现，面对一条鱼，你必须佩服它的勇气和耐心。

Achievement Exists Forever
光耀千秋

全骨鱼类，中华弓鳍鱼科的一属。体形圆长，口缘有尖锥形齿。尾鳍后缘凸圆形。鳞片菱形，后缘有锯齿。分布辽西地区，化石形成年代为1.3亿年前的侏罗纪。那时，辽西朝阳一带气候温暖湿润，淡水湖泊星罗棋布，良好的生态环境成为动植物的天堂。中华弓鳍鱼畅游在广阔的水域，繁茂的无脊椎动物和各类小鱼虾是它的美食。物壮则衰，时极而转。中华弓鳍鱼也没有逃脱大自然的规律，没有摆脱石化的命运。

这条鱼化石在漫长岁月的尘封下，保存得近乎完美。如同早晨刚从湖水中钓起，鱼眼还在眨动，鱼尾上翘，通身鳞光闪闪，摆落的水滴打湿了地板砖。

Beautiful Sceneries
秀色

20世纪60年代，辽宁煤炭局的潘广等在北票尖山沟村附近作野外工作时，发现一种鱼化石，我国古鱼类学家将此鱼归为鲟类，并以潘广姓氏命名为潘氏北票鲟。其鱼背青黄，腹部白色。属于软骨硬鳞类中鲟行目的古老分子之一，一般体长约30厘米。“北票鲟”词条列入《辞海》生物分册。

侏罗纪晚期，一次大规模的火山爆发，北票鲟和众多生物瞬间集群死亡。幸运的是，鲟鱼种群并没有完全灭绝，它们的后代顽强地延续下来，成为今天珍贵的鱼种。

鲟鱼始终面临着危险。这种鱼性成熟晚，一般需10年左右。这就注定了它们繁育后代的缓慢。而且从地球上有了人以后，它们再也没有“侏罗纪公园”那样天堂般的生存环境，人类无节制的掠夺与破坏，比火山爆发更迅猛。曾读过伦敦大英博物馆鱼类部主任诺门著的《鱼类史》，书中有中国字样仅一处，是关于吃的：“在东方各地，特别是中国和菲律宾，用鲨的鳍来制成上等的肴馔叫鱼翅。”清代文学家袁枚著《随园菜单》有鲟鱼烹饪二法，不详说了，以免更多人效法，给鲟鱼制造新的灾难。

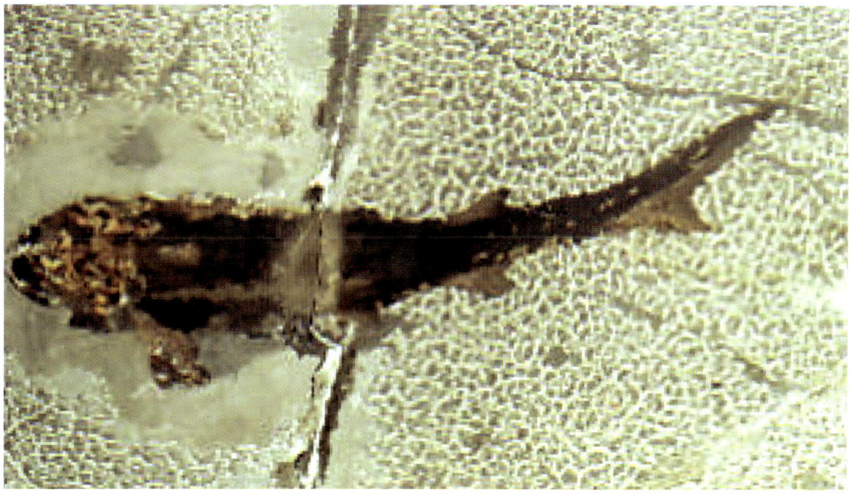

Fish-Catching Lobster
龙虾捕鱼

在科学上讲，这是一只奇异环足虾。无脊椎动物。甲壳纲，龙虾科。体分头胸部和腹部，体粗壮，圆柱形略扁平，常有美丽斑纹。头胸甲壳坚硬多棘。触角发达。虾种类甚多，今天常见而经济意义较大的有对虾、毛虾、米虾、龙虾等。

化石上这只1.2亿多年前的环足虾更像今天的龙虾。两只威猛有力的钳子正扑向一条惊恐万状的小鱼，其他鱼纷纷逃离。常言说，大鱼吃小鱼，小鱼吃虾米。也许环足虾并没想吃鱼，只是一种游戏而已。

说实话，从欣赏的角度，我更喜欢齐白石笔墨下的虾。据说白石老人画的虾论只卖，每一只比活的对虾、龙虾贵百倍，我怕是无缘品味了。

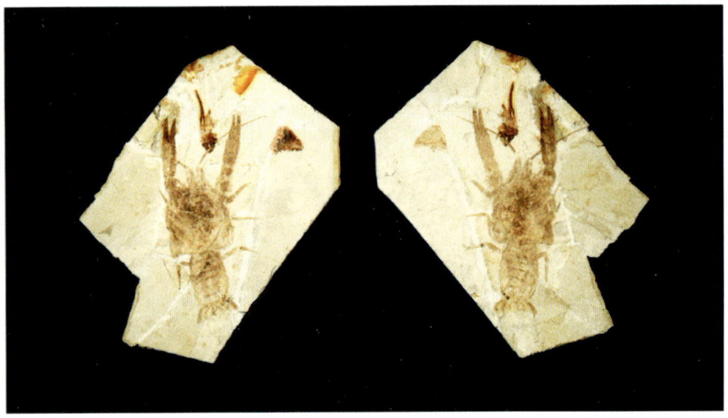

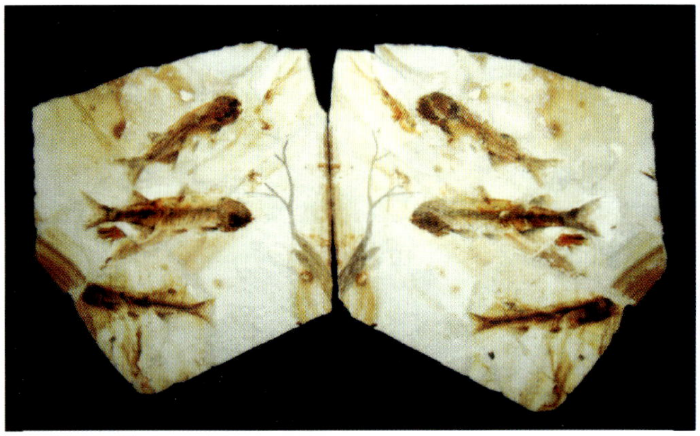

Happy Traveling
逍遥游

毛泽东有诗云：“鹰击长空，鱼翔浅底，万类霜天竞自由。”鸟儿的自由来自天空，鱼儿的自由来自于水。庄子亦云：“北冥有鱼，其名为鲲。鲲之大，不知其几千里也。化而为鸟，其名为鹏。”人类自古就艳羡鱼与鸟的逍遥，追求精神的无羁与自由。

庄子创造了新的鸟类起源假说：“鱼变鸟假说”。

三尾来自1.2亿年前的鱼在浅湖游来游去，逍遥自在，无竭泽而渔的忧烦，也没有环境污染的危险。待到春暖花开时节，水中的小树会长出嫩绿的叶子，给鱼儿们撒一池粉红的花瓣。

鱼儿们没有想到，它们会在“烈火中永生”。鱼儿们再现了凤凰涅槃的千古神话。

只要心灵有空间，即可逍遥游。

Hundred-Fish Picture
百鱼图

“这一类（鱼类）是由完全无知无觉的东西造出来的。变形之主把它们投入水中，使它们通过深厚的污泥，来呼吸那神妙而纯洁的空气。”这是两千多年前古希腊哲学家柏拉图对鱼的描述，充满着神创论的观点。

鱼是一直伴随我们生活的朋友。我们的祖先，五千年前的红山人就已经过着渔猎生活。而要给鱼下个定义，却并不是一件轻而易举的事情，你往往需要求助生物学：鱼，水生脊椎动物。体常被鳞，以鳍游泳，以鳃呼吸。体温不恒定。我们时常犯的错误是，忽视你身边最熟悉的事物。

百鱼图乃师法自然之作，非国画家神来之笔。此画构图疏密有致，笔墨浓淡相宜。群鱼游弋于浅湖淡水，嬉戏玩耍，摇头摆尾，活灵活现。若装裱张挂于客厅、书房，甚为高雅。

张大千有幅《春水游鱼图》，功力章法大概不及此。

Bird Hugged by Fish
鱼抱鸟

很温柔的一个“抱”字，竟惹来一个残酷的结局。一个是天上飞的，一个是水里游的。怎么？是鱼吃鸟还是鸟食鱼，留下这张珍品？
这不禁让人想到新石器时代仰韶文化鱼鸟纹彩陶壶上的《水鸟衔鱼》。图案表现了当时人们对周边生态的观察和构想，弥漫着朴素的艺术气息和原始的创作灵感。

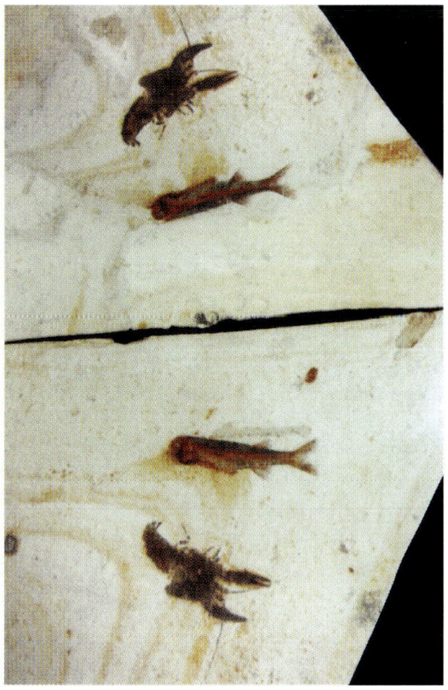

Feast of Fish and Prawn
鱼虾盛宴

亿万年前的生猛海鲜。
古生物学的盛宴。
一桌鲜美水生大餐。
五湖四海的探访者聚拢北票四合屯。以科学的名义，以收藏家的名义，以观光的名义，或者以上不了台面的名义，纷纷动竹筷，动汤匙，动刀叉，大饱口福。
其实，只是一部石印的书，记录着远古生命的密码。
我把它用拍照下来，复制成白纸黑字，供大家精神会餐。
也是一种无奈的抢救。鱼与虾会在时间之水中遨游。

Setting Off with Happiness
快乐出发

这些快乐之鱼是一个大家族，是清晨的早起？还是黄昏的归家？我不知道他们去做什么，反正他们愉快地在一起。能在一起，不论是生存，还是死亡，都会呈现快乐的情景。
这是一群狼鳍鱼，朴素实在一族，产于北票市上园镇尖山沟。
他们的生存环境不错，饮食不错，体态肥胖，摇头摆尾，逍遥自在。被固定的那个瞬间同样保持优雅的姿态，难得！

Loneliness Is a Kind of Mood
孤独是一种境界

别称“东方蝾螈”，两栖纲，蝾螈科。俗称娃娃鱼。长约7厘米，表面粗糙，有黑色，腹红黄色，四肢短，尾扁平，生活在水中，也见于湿地草丛中，卵生。这只孤单而独立。

一切生命都是从太阳、海水、空气与泥土中诞生的，都经历了一个从低级阶段到高级阶段的发展过程。忍不住地想，人的一生有许多境界。遗憾和孤独是一种境界；苦难和欢乐是一种境界；真善美也是一种境界。为追求人生的深刻内涵我们可以忍受磨难；为寻求完美的答案，我们可以蒙受无休止的猜疑；为心灵的沟通我们可以忍受孤独和误会；为希望为爱情我们可以历经苦难而甘之若饴。这就是境界，它将我们的生命演绎得如此跌宕有致。

境界其实属于敏感的心灵。它是一种存在。无论平凡还是卓越，无论一帆风顺还是坎坎坷坷，人生的境界有如目光、花香以及清新的空气，浸染、弥漫在人生的旅途中。

Newt in the Mirror
镜中蝾螈

鱼类，是与我们人类息息相关的动物之一。红山先人生活用的陶器上就有她们的身影，图腾崇拜的神器也有鱼形玉器。先于红山文化出土的西安半坡遗址的鱼纹盆，已非常精美。与红山文化丝缕联系的、发源于白山黑水的萨满教，其300个神中也有鱼神。美人鱼的传说印证了人与鱼的亲密无间。
也有一说：人类是由海洋生物演化而来。鱼儿离不开水，人何尝能离开水。
世界上所有物种都是互相依存的，生物链缺失任何一环，都会造成灾难。
这方蝾螈化石是正副板。一分为二。
化石像面镜子，蝾螈透过时间的尘埃看见了亿万年前的自己。
我们透过镜子看见了绵延的时间。

Why Nccd Thcy Stay Together Night and Day?
岂在朝朝暮暮

这块生长着1000多条蜉蝣的石板，产于北票上园黄半吉沟，可以说是迄今为止发现蜉蝣化石最多的一块，是世界之最。晚侏罗纪。幼虫体长约50mm，头显大，三对足细长，虫体腹节两端具有游泳用的鳃，尾部具有3个细长的显著的尾须。水生昆虫的典型代表，最原始的昆虫类群之一。

蜉蝣体态轻盈，体壁柔软，翅半透明，前翅发达，后翅甚小。一生大部分时间为幼虫状态，生活在清澈的水中，成虫一经卵化，几小时内就会死亡，可谓朝生暮死。稚虫是生物链中极重要的一环，扮演着初级消费者的角色，串联着生产者——藻类和次级消费者——鱼类之间。全世界现有蜉蝣种类2250多种，我国目前已知蜉蝣现生种类250种左右。

此蜉蝣化石一分为二，如珍稀动物皮革，双目炯炯，毛发绒绒，可仿做裘皮大衣。

Swimming Side by Side
游弋着相依着

辽西特产，形成于晚侏罗纪—早白垩纪。两对鱼，不同品种，伴着一脉水草，构就了绝世高贵与美丽。这种美丽不仅源于视觉的感知，而且更源于灵魂的真正觉醒。相容的美丽的意象如这在水中相伴游弋在水底的鱼，相依相偎，寻觅嬉戏。周遭的水草温柔地缠绕着他们，形成了一张温柔的网。高贵的鱼奉献出最后的姿态。那几双深邃的蓝色的眼睛似乎带着一丝忧伤的微笑，仿佛早已预感到生活道路上的危险与艰难。他们的视野不都是暖色调的，惟有其姿态是高贵而美丽的。因为他们不曾放弃，在艰难的环境中探求理想的生活状态和理由。当真正热爱生命和与生命有关的整个世界的时候，几乎都没有不是高贵美丽的。高贵的美丽其实不需要任何包装，他们很简单也很纯粹。越是清纯，越是明了，越具最高贵的美质。

昆虫类
昆虫世界

Unchangeable Years
不想改变的岁月
昆虫类
Insects

昆虫是地球上种类最多的动物，已知的现生昆虫约100万种。
最早的昆虫化石是在欧洲发现的，距今约4亿年，属于泥盆纪地质时期。辽西朝阳已知最古老的昆虫化石距今约3亿年，地质时期属于侏罗纪早期。迄今为止，科学家在辽西地区采集到的昆虫化石标本数以万计，确认这些昆虫化石达800种以上，但其中只有不到300种得到了详细的研究，这其中共有17个目。

Preying Insect
捕食的昆虫

自然界中一物降一物。这只昆虫在那里捕食着更弱小的一个物种，这没什么好奇怪的。它歪着颈项，收拢翅膀，屏住呼吸，前腿悄悄前行，最具动感。可就在这一刹那，一切都静止了，包括就在嘴边的美味。

时光凝固了，食者与被食者都被光阴这个无坚不催的东西固定在一块小小的石板之上，成为光阴的代言。

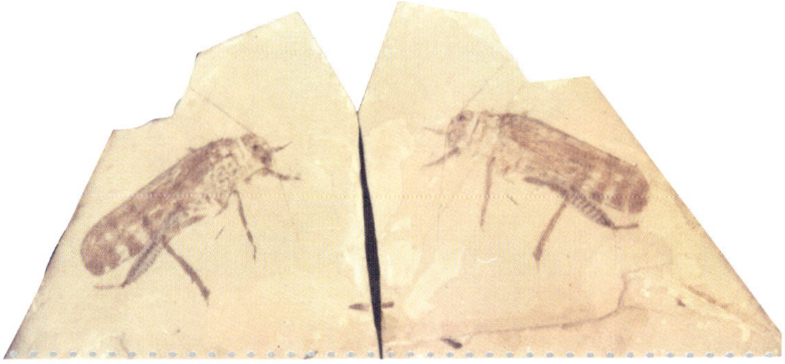

Duet
二重奏

蝈蝈在昆虫类中是最富诗意的。雄性有发音器官，雌性有听觉器官。特别是一声声叫着秋天的时候，把农人蛰伏在内心深处的满足与富庶唤醒。满坡满川中那种单纯而又直截了当的黄色，像金子般充满了沉甸甸的份量，直把秋的腰杆，碾压得嘎嘎作响，比蝉的鸣叫还要雄壮。在阳光灿烂的正午，不论走到田间，还是地头，用比磅秤还要精确的目光，一丝不苟地掂量着秋天深厚的内涵。尤其是果实间互相碰撞摩擦，便会有一种朴素而富有质感的声响，由近而远荡漾开去，美妙得让人心旌颤抖、意满情狂。

我就有过这样的体验。燥天，常有蝈蝈的声响传来，便常有我的身影前往。可我并不敢捉的，同去的肯定有我的伙伴。只是回来时，我手上的蝈蝈笼里多了几只生灵，挂在小园中，于是便会有不断的且美妙的声音传来，如“金色大厅”里的演奏。

Freedom as Wind
自由如风

蜻蜓，像风一样舒展如眼前的画片。翅膀打开着，完全地打开着。翅膀上的花纹斑斑驳驳，她活着的时候一定是穿了一件色彩艳丽的花衣。

复眼依稀，身材挺拔，拖着细长的尾。这是我看到的最好的如此清晰与完美、振翅高飞的蜻蜓。她有幸地落在了晚侏罗世—早白垩世的今天属于辽西的大地上，成为古典布衣上最朴素的装饰。

Nameless Insect
无名小虫

人是很无知的，如果自认为聪明，那就毁了，接近了愚蠢。茫茫宇宙，漫漫地球，我们了解得其实很有限。
无知也是一种原动力。法布尔等生物学家、昆虫学家一只一只一路辛苦寻来，得知地球上的动物约120万种，其中90余万种属于昆虫。而未知的数量一定也很惊人。
这方化石上的昆虫极小，但身段清晰，尤其是两根触须，挺拔而张扬，如齐白石画的蟋蟀须，细若游丝，却震颤得铮铮有声。此虫无名，原生活在白垩纪。
古人记事先结绳，后甲骨、再钟鼎，而上古封禅已有石刻。蔡伦发明造纸术后，纸书方盛行于世。化石是早于人类上亿年的书籍，是由自然神力印制的奇书，其中奥秘无穷。北票四合屯是世界上最丰富的古生物化石图书馆，层叠着大自然亘古不变的清晰记忆。
从石上可读出人生的短暂，人的渺小。

Food-Finding Katydid
蜚蠊觅食

查阅《辞海》，得知蜚蠊乃昆虫纲的一目。体扁平，黑褐色，中等大小。头小，能活动。触角长丝状，复眼发达。翅平，覆盖于整个腹部背上；有的种类无翅，不善飞，但能捷走。种类很多，约2250种，主要分布热带地区，生活在室内或室外。曾有学者批评《辞海》等工具书，指摘其词义模糊，语焉不详。此条目即是一例，“中等大小”为多大？
石上小尤物蜚蠊，神情执著，坦然安详，似在觅食，又像自我游戏。即使面对相机镜头，也毫不慌乱，我行我素。
问儿子：此虫何物？儿子答：纺织娘。否。儿子再答：草蝈蝈。
书上说，蜚蠊就是我们俗称的“蟑螂”。我绝对不信。这么可爱的小虫，宁愿相信它叫纺织娘，或者草蝈蝈。

Cold Cicada, Sad and Desolate
寒蝉凄切

蝉，俗称“知了”。蝉的种类多达3000余种，有春蝉、夏蝉、寒蝉等。体长4厘米左右，前后翅基部黑褐色，与栖息的树皮的颜色相仿。凡鸣蝉皆为雄性，雌蝉不会叫，希腊神话有这样一句话“蝉呀，你有哑巴的妻子。”夏蝉鸣声粗野，百般聒噪。成语噤若寒蝉，说的是寒露以后才开始鸣唱的蝉，它的声音低沉哀婉，古代词人形容为“寒蝉凄切”。蝉被人定义为害虫，“金蝉脱壳”留下的“蝉衣”却是很有名的中药材。以自身利益取舍评判，对他人往往是不公平的。

化石上这只蝉发现于北票上园，属晚侏罗世。成虫生活在裸子植物的树干上，幼虫生活在土壤之中。

树动风犹静，蝉鸣山更空。唐朝的蝉鸣至今不绝于耳。

Hardworking, Eternal Virtue
勤劳，永恒的美德

顾不上什么蜂了，顾不上什么花了，有花就有蜂的光顾。在花面前，蜂永远勤劳。花还在开，香气袭人；蜂还在舞，似歌似唱。其实，香气和声音最容易保持记忆。性情蜂必恋性情花，于是我们记住了画面的结尾：蜂儿酿就百花蜜，留作花香红万年。

Osmylidae Family
蛉家族

一定是在盛夏，天炎热着，风打开着，同时打开的还有她们薄纱般的衣裙。没看到她们的眼前有什么，只看到她们心中盛满的欢乐。长长的触角发布着探听来的信息，足踏藤条如我们小时翘翘板上的游戏。这是一家，集体在夏天的午后出游在山冈。

Parnassian Dance
高蹈派舞姿

如果触角拉直，如果立半脚掌，那她一定是一个优秀的芭蕾舞演员。会在细密的草梗上，会在潭水的清波上，做一个经典传世的舞姿，用躯体划下细细的曲线，或悠闲，或忙碌。实际上，定格了的，就改变不了了，就不改变了。

Multum in Parvo
小中见大

也叫螳螂。蛇蛉目，异蛇蛉科，是较大型昆虫。头伸长与前胸等长。翅长，内有一横脉。触角细长，具单眼。是捕食性种类，生活在海拔较高的高大树木之上，以捕捉蚊虫等弱小昆虫为生。全身绿色或土黄色，头呈三角状，前足呈镰刀状，俗称“刀郎”。

《韩诗外传》中说：“螳螂方欲食蝉，而不知黄雀在后，举其颈而欲啄而食之也。”故有成语：“螳螂捕蝉，黄雀在后”，形容只顾眼前利益而不顾潜在危险的行为。还有“螳螂挡车，不自量力”之说。总之，用螳螂的行为明喻现实事物往往都赋予贬义的，而对于螳螂的形象大失光彩。而人们往往忽略了另一个重要方面，无论“捕蝉”也好，还是“挡车”也罢，都有一种主动出击，富于拼搏的大无畏精神。无论小说《唐吉诃德》中的人物鏖战风车，还是现实中不避风险，敢于与强敌对阵而取义献身的勇士，无一不闪烁着永不褪色的时代光芒。同时，那种敢于抓住目前现实机遇，大胆索取的精神，也不乏现实生活中的某些积极因素。因而，对于螳螂的形象，在市场经济如此发达的时代，应赋予一种辩证而全新的认知。

Indispensable
不可或缺

蜚蠊，古书上指椿象一类的昆虫，即现在的蟑螂。蜚蠊目、中生蜚蠊科。是较大型昆虫。前胸背板大，触角细长，后翅臂区宽大。雄性种类腹部末端具两个长的尾须。陆生种类，生活在落叶、石块下面，适于温暖潮湿的气候。出产于凌源大王杖子，晚侏罗世—早白垩世义县组。体平色褐，能发出臭味，也传染伤寒、霍乱等疾病。蟑螂是人类厌恶的一种昆虫。然而，大自然是一根链条，彼此牵系着：蟑螂的食物是植物的汁液，而蟑螂又是鸟类的食物。如果人类一味地捕杀灭绝了蟑螂，鸟类就会失去了一种食物源，无意间牵动破坏了生物链条的一头，多少动物与植物的生存环境与它们彼此之间的关系因而改变。我们只顾眼前享受，随意改变周围世界，也有意无意改变了大自然的生态。即使现在我们注意到了生态问题，又有几个人把地球当作自己的家一样悉心与照料呢？

唉，这只令人厌恶而又可怜的小虫，正静静地趴在冰冷的石板之上，上亿年了。但你还是应该具备感激之情，应该为今天的人们感到欣慰，人们早已把你视为心中的宝贝。

Lush Memory
青葱记忆

蜻蜓，身体细长，胸背有两对膜状的翅，生活在水边。雌的用尾点水产卵于水中。

儿时大多都有用小木棍系着一个丝网，到河边塘侧捕捉蜻蜓的趣事。这是人生最漂亮的记忆。童年，金色的年轮，青葱的岁月。

在那些金黄色的草垛旁边，我们仰望着那轮美丽凄迷的月亮，想象她是一个古老而神秘巨大的圆。我们的歌像白昼的蜻蜓，绕着天穹飞翔。那时，我们想不到外面世界会是什么模样，却可以一次次谛听田埂那边猫头鹰由远及近的啼鸣，也可以一回回设想未来。因为那时候，我们悟不懂什么叫人生。如今，我们已饱尝人生的苦难和欢乐。而童年的金色岁月已一去不复返，就像蜻蜓点水匆匆逝去，惟有童年的梦偶尔驻扎心田。

Unchangeable Years

不想改变的岁月

一定是生活在水中的，以优美的身姿赴一次生命的邀约。她知道，低下头，才能进入岁月。如今，漫长的日子让她伸不直腰身。习惯了某种动作，想再改变不易！

Lush Memory
青葱记忆

蜻蜓，身体细长，胸背有两对膜状的翅，生活在水边。雌的用尾点水产卵于水中。

儿时大多都有用小木棍系着一个丝网，到河边塘侧捕捉蜻蜓的趣事。这是人生最漂亮的记忆。童年，金色的年轮，岁月。

在那些金黄色的草垛旁边，我们仰望着那轮美丽凄迷的月亮，想象她是一个古老而神秘巨大的圆。我们的歌像白蜓，绕着天穹飞翔。那时，我们想不到外面世界会是什么模样，却可以一次次谛听田埂那边猫头鹰由远及近的啼鸣以一回回设想未来。因为那时候，我们悟不懂什么叫人生。如今，我们已饱尝人生的苦难和欢乐。而童年的金色岁去不复返，就像蜻蜓点水匆匆逝去，惟有童年的梦偶尔驻扎心田。

Unchangeable Years
不想改变的岁月

一定是生活在水中的，以优美的身姿赴一次生命的邀约。她知道，低下头，才能进入岁月。如今，漫长的日子让她伸不直腰身。习惯了某种动作，想再改变不易！

As Brave as a Stone
勇敢如石

它绝不会想到，如今高科技的纺织手段变为它生前游戏的沙滩。它还看过太多的时空变迁，不惊荣辱，信步闲庭，在时光的隧道中，把自己勇敢地从动物变成石头。

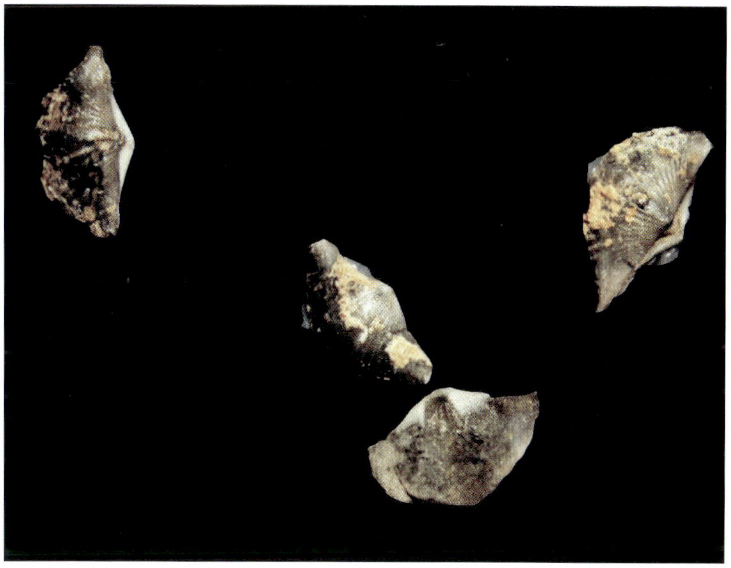

Red Spider
红蜘蛛

摄影界的刘兆伟，数年前曾拍摄到蜘蛛在网上织出英文字母的照片。字母很形象，却翻译不出个名堂。也许那是比楔形文字还古远，还难破译的文字。

蜘蛛是无脊椎动物，最擅长织网。天网恢恢，疏而不失。老子言道，恐是受了蜘蛛网的启发。

春蚕到死丝方尽。蜘蛛不也如此？

这方化石成为蜘蛛永久的长眠地，无网而无望。

北岛有一字诗《生活》：“网”。我们每个人都身陷其中，不能自拔。蜘蛛自拔了，也就石化了。

芦

Blooming Language
盛开的语言
植物类
Plants

在朝阳发现的植物化石是目前中国发现的种类最丰富、最具特色的典型晚侏罗世植物群，主要埋藏于中生代晚侏罗世—早白垩世的地层。该植物群目前已被发现并研究的既有低等植物，又有高等植物，共56个属88种植物，其中包括4个新属，41个新种以及4个新联合。该生物群以裸子植物为主，其中松柏类占优势，具旱生特征的买麻藤类及喜热耐旱的本内苏铁类占较大的比例，反映季节变化的茨康类及银杏类也占一定比例，伴生苔藓类蕨类及轮藻，早期被子植物已在该植物群中出现。

没有声带的物种可以自己说话吗？

古老的年轮会自己开口说话，说话的物件就是植物，是世界上的第一朵花，她盛开在世界，盛开在中国，盛开在世界及中国惟一神奇的地方，那就是我的家乡——辽宁•朝阳，还有辽西中生代植物化石包括苔藓、蕨类、裸子植物和被子植物。

其实，世界上每一朵花、每一种植物都有自己的语言，表现方式独特，表达方式独有。

充满生机的土地都是由植物来营造的，一个色彩缤纷的世界也都是由花草装扮的。陆地上，水底下，都有无数棵植物的生灵述说着前生今世。

1.3亿年前，地球表面以被子植物为主，她又叫显花植物，也就是开花结果植物，有了被子植物才有了哺乳动物的大发展，最后导致人类的出现。1998年古生物科学家在辽西北票发现了距今1.45亿年的地层中的世界上最早的花——辽宁古果。这一发现把被子植物在地球上出现的时间向前推进了1500～2000万年。这使科学家的研究从菌藻类到蕨类到裸子植物到被子植物的演化过程明晰，被子植物是植物发展史上最晚出现的一类高等植物，也是现代植物界中最高级、最繁茂和分布最广泛的种子植物。2009年7月19日，在辽宁省情传真信息中发布：朝阳市境内发现迄今世界化石记录中保

A Blooming Language

盛开的语言

存最完整的大型苏铁类植物化石，苏铁属裸子植物，俗称铁树，大约出现于2.7亿年前的早二叠世。于是可以想象在那个古远的年代，这里鲜花盛开，芳香四溢。然而好景不长，突然有一天火山爆发了，这些鲜艳的花朵和植物脱下盛装退下舞台，在她们的心里存活的只有一个信念：等到某年某月的某一天，重返自己心爱的家园。年年岁岁，岁岁年年，消失的地方必定重现，何况是世界上美丽的使者。是哪一天，寻求美丽的人偶然拾到了一枝开在石片上的花朵。其实这种获得并不偶然，是积累与探索的结晶。于是世界各地的科学家纷纷踏上开满鲜花的领地。而这些花们像位高高在上俯视尘圜不轻易露面的神秘女神，一旦揭去面纱，便以锻造永恒的姿态，以盛开，以芳香，以魅力，以质朴展开。

它活着的时候无法行走，站定在自己的位置上，保持着自有的姿态。但它们在活着的时候肯定在微风中呢喃过，倾诉过，只是死后仍立于原地，它们不会说话，只用亘古的姿态向人展览，人们读懂了它们无声的语言，开始了深深的敬畏。

The Tree in My Hometown
老家的树

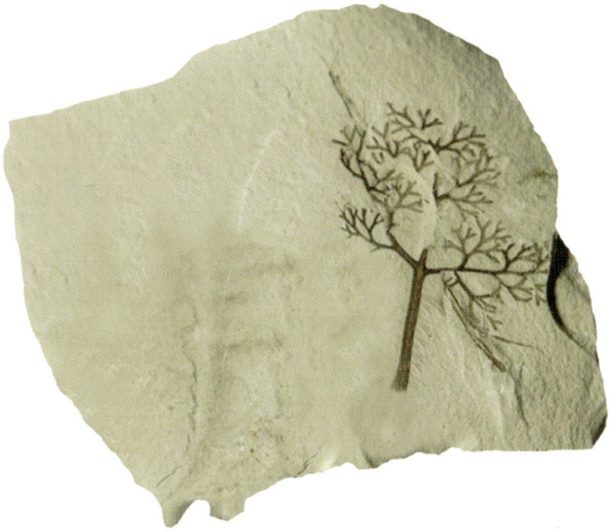

我的家乡中国•辽宁，辽宁•朝阳。位于辽宁西部，辽西。那里的土地年年勃勃生机，营造她的肯定是朝气蓬勃的植物。无论春夏秋冬，植物最悲惨的葬地是花瓶，而属于我的植物则生长在老家的村头，成为唤我归来的地标。

Ferns
蕨类草

从第一视觉上我看出，她似竹，竹状多叶草，草本，喜温湿气候，常构成森林底层植被。中侏罗世最为繁盛。属真蕨纲，真蕨目，紫萁科，似托第蕨属。蕨叶二次以上羽状分裂，轴细直；小羽片镰刀形，顶端尖锐，边缘常具细齿；中脉明显，侧脉以锐角伸出，一般均分杈一次。

河山壮丽，草木秀美，自然的美质人所共仰。我们有时可能被这一枝一叶的秀美点拨后方有领悟，而除了她的美，更在于她的善，大地厚德载物，斯为大善、圣善。其善美往往在于这平凡朴素处、真实处。人因熟视而无睹，就忽略了造物的用心。其实，自然的善美何处不在呢？风儿带着蒲公英的小伞四处播种，雨点落向龟裂的土地，阳光照临每个角落。土地向所有的种子敞开胸怀，做他们孕育的温床、取暖的厚被，植物的根系一生与泥土相依相缠。草原养育了牛羊，田野养育了人类，溪间、河流养育了城市和乡村……以人的目光观照，自然是多么富有人性，人又是多么有幸能生活在这一个有情有意的大自然中。人在这万物的关怀与体恤下成长、繁衍，生命在息息相融、相通依赖和支撑中绵延。其实，在这大千世界的缤纷物象中，原来是深藏着一个人性的至善至纯、精美的范本。

Cycad
苏铁

侏罗纪晚期至白垩纪早中期，辽西大地湖泊映天，森林郁郁葱葱。树梢上孔子鸟、辽宁鸟正在筑巢育子，丛林下长着各种蕨类，苏铁、银杏树在温暖的阳光下伸枝长叶。岩石旁开着红黄色小花的辽宁古果在微风中摇曳。

岁月之风刮过了上亿年，
这株苏铁仍然蓬勃着盎然的生命，
对称的叶子释放着浓稠的叶绿素，
枝条仪态万千。
多么像橄榄枝，那象征着爱与和平的绿色植物，
给世界与人类以永久的生机与希望。

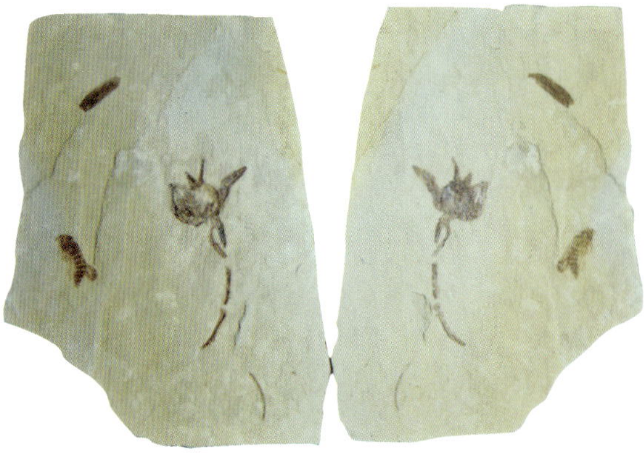

Natural Fragrance
自然的芬芳

花朵发出香味彼此沟通联络，用比人类的语言和呼吸更为愉快的方式理解彼此的存在。除了相爱的情人之间，谁能以这种微妙的方式，谁能发出这种自然的芳香来表达自己呢？

Swaying in Water
水中的飘摇

这是一种爱听音乐的植物，随着水的节律婀娜摇摆，打开与收缩，有古典的音乐注入她的精神脉搏。她思考着，体察着水上人各种情感，并伴着月光起舞。

Original Soul
原本的灵魂

费希纳说：“从内部发出声音，从内部发出香味，正如同人在黑暗里可以从声音中听出是谁，花在黑暗中也可以从香味中彼此辨认。它们都具有一切物体的原本的灵魂。”

Holy Flower
花灵

“当我站在河边，注视着花时，我看见了它的灵魂自花中升起，在花中飘荡，它越来越清楚，直到精神的形态清晰地浮悬在花上。也许它想站立在花房之顶以获得更充足的阳光。它相信不会为人所见，当一个小孩出现时，它大为惊讶。”这是莱比锡大学医学博士兼物理学教授古斯塔夫•西奥多•费希纳在1848年出版的《植物的活的灵魂》一书中说过的，不过本书还有一个名字——《南娜》，一个人性化的书题。教授认为，植物是有神经的生命，因此，似有某种神经系统可能藏在它们奇异的螺旋形纤维中。教授还认为，我们完全有理由同意这样一种看法，即植物有神经，它们之所以看不见，只是由于人类忽视而不是由于植物的天生缺陷。

Slim and Graceful Grief

玉立的忧伤

^

也许这是一种会报时的花，用打开枝叶的时间来暗示人间的冷暖。18世纪著名的植物学家林奈，经过对植物开花时间的多年研究，把一些开花时间不同的花卉种在自家的大花坛里，制成了一个“报时钟”。中国还有人把花期月份不同的12种花卉编成歌谣：

一月腊梅凌寒开，二月红梅香雪海，三月迎春报春来，
四月牡丹又吐艳，五月芍药大又圆，六月栀子香又白，
七月荷花满池开，八月凤仙染指盖，九月桂花吐芬芳，
十月芙蓉千百态，十一月菊花放异彩，十二月品红顶寒来。

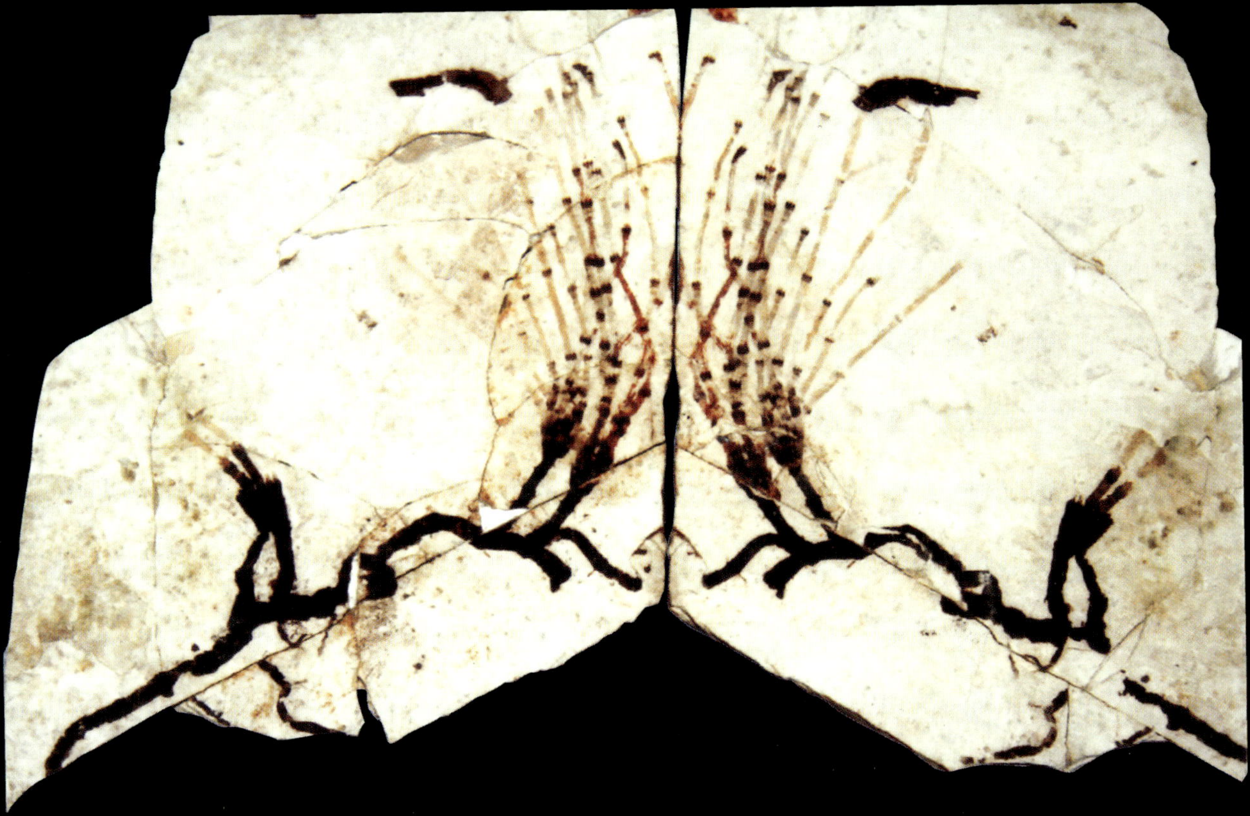

Helophyte
沼生植物

侏罗纪的辽西湖泊星罗棋布，沼泽遍地。这里气候温暖湿润，阳光和煦，大自然和谐而安详，真真切切的世外桃源。地球上第一批有花植物萌生了，给这片亚热带风光增添了姹紫嫣红，给地球系上了红丝带。

而沼生植物依然故我，举一蓬枝给鸟栖息，把根须深扎在水中、沼泽中，任鱼儿在自己的长趾间快乐游弋，自由戏耍。

这方化石更像一件湘绣短衫，图案古朴典雅，做工精良考究，式样落落大方。辽西女子着此装会和江南女子一样风情万种，婀娜迷人。

Slim and Graceful Grief
玉立的忧伤

^

也许这是一种会报时的花，用打开枝叶的时间来暗示人间的冷暖。18世纪著名的植物学家林奈，经过对植物开花时间的多年研究，把一些开花时间不同的花卉种在自家的大花坛里，制成了一个“报时钟”。中国还有人把花期月份不同的12种花卉编成歌谣：

一月腊梅凌寒开，二月红梅香雪海，三月迎春报春来，
四月牡丹又吐艳，五月芍药大又圆，六月栀子香又白，
七月荷花满池开，八月凤仙染指盖，九月桂花吐芬芳，
十月芙蓉千百态，十一月菊花放异彩，十二月品红顶寒来。

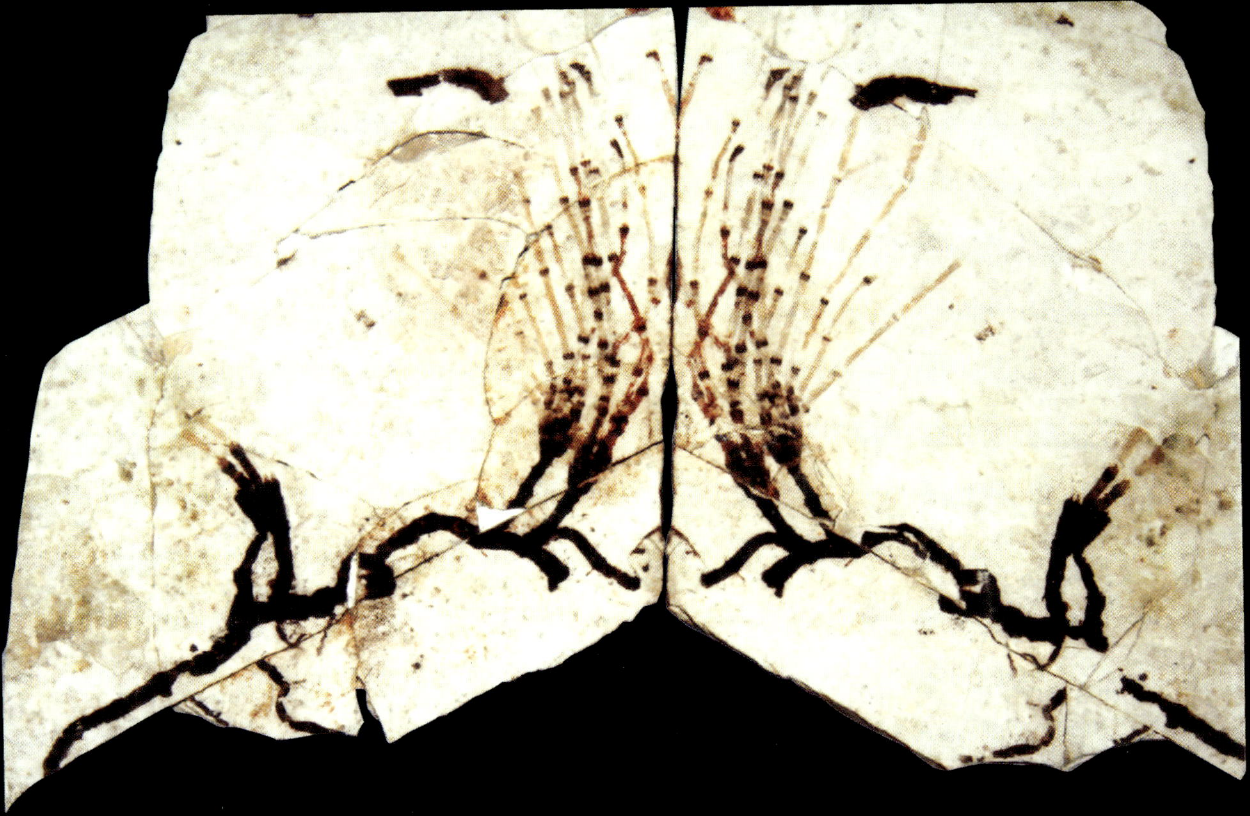

Helophyte
沼生植物

侏罗纪的辽西湖泊星罗棋布，沼泽遍地。这里气候温暖湿润，阳光和煦，大自然和谐而安详，真真切切的世外桃源。地球上第一批有花植物萌生了，给这片亚热带风光增添了姹紫嫣红，给地球系上了红丝带。

而沼生植物依然故我，举一蓬枝给鸟栖息，把根须深扎在水中、沼泽中，任鱼儿在自己的长趾间快乐游弋，自由戏耍。

这方化石更像一件湘绣短衫，图案古朴典雅，做工精良考究，式样落落大方。辽西女子着此装会和江南女子一样风情万种，婀娜迷人。

Fishing Village in Late Autumn
渔村晚秋

产于辽西，形成于晚侏罗纪至早白垩纪，距今约一亿四千万年。绿树、银鱼在某个晚秋的瞬间，被定格在这千古的永恒里。看不见也听不到生命的悄然落幕，那种悄然依偎于岩面的姿态令人动容。我们不得不意外地感受到悲壮。在当时的树林，鱼儿在怎样告别生命的时候，竟然让叶片荡然无存。今天，人们应从中寻找生命的美丽，奋力活出生存的灿烂。真的悲壮将自身的懦弱和他人的鄙夷视为最大的侮辱，在面临恐惧的时候，悲壮让人坚强。这种精神力量是生活的持久保障。悲壮的瞬间，让人在坚定的意志中找到生命理想的彼岸。随着悲壮的延伸使其不断增值，应是当今和未来无往而不胜的原动力，是生存意义的起点和终极。

Happy Ancient Fruit
快乐古果

植物是有情绪的，还有自己的语言体系。不信你看这株中华古果，她一定是个少女，体态婀娜，健康活泼。那天的阳光一定是灿烂的，刚经历一场雨露的滋润，蓬勃向上。植物会说话不是我的凭空想象，澳大利亚的科学家、英国科学家、美国科学家、日本科学家都有过试验与论述。

Years for an Instant
岁月一瞬

像一只鹿角，面向你，无尽天涯；像一顶博士帽，让学富五车的植物学家顶礼膜拜。只是，你内心懂得：一生有什么值得张扬的呢？岁月漫长，不过一瞬。

Life Keeping a Low Profile
生命不张扬

就像我家厨房里一粒饱满的芸豆，有了它最好的去处。不张扬，因为他们的生命本来就如此的啊！

Blooming in Deep Memory
盛开在记忆深处

世界上已知道的植物达到了40万种，而这株在心中骄傲的中华古果用如此完美的姿态向世人展示着，不言不语。

与之相关的我看到过一些资料：1952年我国科学家在辽宁省新金县泡子屯村地下的泥炭里，发掘到一些古代的莲子，非常的坚硬，好像一个个小铁蛋。科学家用锉刀轻轻地把古莲子外面的硬壳锉破，然后浸在水里。没过多久，这些古莲子居然长出了嫩芽，发芽率达到了90%，用放射性岩测定，这些古莲子的寿命长达835～1095年。1973年，我国考古学家又在仰韶文化遗址发现了两枚5000年历史的古莲子，可以说是世界上寿命最长的种子。但在自然界中，古莲子还不是寿命最长的。在辽宁省岫岩县大房身乡的黄土层里，发现了将近400粒狗尾草的种子，已有一万年以上的时间了，出现于地球的白垩纪时代，是恐龙的“邻居”，那这株中华古果，就是世界上第一朵盛开的花呢！

Lily with Momentary Pique

百合也有赌气时

百合，是中国美好的象征，借谐音祝愿夫妻百年好合。

海百合，也称“五角百合”、“鸡足”。海百合纲，五角海百合科。身体中央上面有口，周围有腕五枚，各腕数回分歧而为枝，各枝再分小枝。身体下面有五角形分节的长柄，竖立于深海底，柄的长度可达60厘米以上。全身像百合花，故名“海百合”，看来任何一个名字的命名都如此简单。

海陆两个空间，但给人的印象是海中有什么陆地上就有什么，
或者说，陆地上有什么海里就有什么。对生物来说那是两个世界，
水陆两栖动物有数的那么几种，说不上谁像谁，反正命名的权力都属于人类。
这株海百合距今上亿年，亿年前，我们这块地方有海的生存与流动，
不然海百合就不会通过亿年行走与今人会面。
你看它泯灭时保持着盛开的姿式，还像为一件小事而赌气的夫妻，
相向而立。右侧的显得张扬似雄性，
左侧的娇美似雌性。真正的好夫妻哪有生真气的。
也许等我们转过身去的时候，
他们便和好如初，成为百年好合的典范。

Heronsbill
太阳花

她不是太阳，是太阳花，我的一种形象说法，尽管在学术上不承认信口开河，我也只不过是用文学的语言进行表述，在美丽与魅力面前，谁都不能求全责备。

她叫威廉姆逊，产于北票市上园镇尖山沟——黄半吉沟，晚侏罗世——早白垩世义县组下部。属本内苏铁目，威廉姆逊科。着生于小枝顶端本内苏铁的雌性“花”。“花”的下部由一个呈杯状的托组成。托的外层基部有一层小的、长三角形的鳞叶，托的顶部密生许多线状披针形的苞鳞，在托的中央有子座，周围生有许多种间鳞片及小种子。喜温热气候且耐旱，现已灭绝。

威廉姆逊粲然开放，不止一朵。太阳也粲然开放，不止一轮，从此照耀着其他生灵的茁壮。

有太阳出没的地方就充满生机与祥和。

Elegant Demeanor
一枝风采

风里有过默契的欢悦，夜里有过深情的缠绵。我和她们之间有一种神秘的联系：她们向我点头，我亦向她们致意。

The Beautiful Stand

旖旎的挺立

木化石

Petrified Woods

在恐龙繁盛时期，这里是一片片的原始裸子植物的大森林。

其中有些树木与现代的某种松柏类相似。这些树木中数量最多的是一类被命名为异木属的原始裸子植物。

这一属的硅化木在辽西多达五六种，恐龙时代辽西的树木种类非常丰富，生长得非常茂盛，

树高可达几十米，直径可达一两米，树龄可达上千年。

旖旎并不等于柔弱，旖旎是风光的美好，旖旎是姿态的展示。曾去过昆明的石林，曾为那里的石林赞叹。今天又站在另一片石林中，心里又升起另一番赞叹。在北票市的巴图营子乡黑石沟，在北票常河营子的马家营，在建平的一座山上，在一片树林掩映下，我蓦地发现了它们的踪迹，作为生命它们已不再呼吸，而作为曾经的生灵，它们依然在世上出没，依然引领着我的思绪，甚至带动着我做一回远古的人类。它们是树，它们是没有了枝叶却有着呼吸的生命，不动不摇地站立着，像一条条辽西汉子，倔犟、顽强、庄严。

那不是一棵孤立的树，那是一条林带，那是一片森林，黄褐色的，乳白色的，和现在活着的树有些区别。但它的本质不变，携带着充满生机的年轮和纹理，还有科学。科学家说：“正在茂盛生长的一片森林，突然遭到火山爆发喷出的熔岩流及火山灰埋没，一部分树木被迅速焚毁，一部分树干残留于火山灰中，仍然直立于原来生长时的位置上，并长期浸泡在含有二氧化硅的火山溶液中，慢慢地渗透在木材的每个细胞以及各种细微的组织结构中，当水分散失后，二氧化硅可逐渐沉淀在木材的细微组织内，伴随着后期成岩作用，变成了我们今天看到的木化石，也被人称为硅化石。”这是木化石的一种成因。

另一种成因的木化石，是那些生长在江河湖海岸边或低洼谷地中的森林，在处于地壳沧桑变迁时，常常被水淹没。在有流水注入的积水盆地中，被水流携带的大量泥沙、砾石掩埋。在后期成岩的过程中，如果有含二氧化硅的水溶液参与，同样可以形成硅化木。假如水溶液中缺乏二氧化硅，而是含碳酸溶液为主，这时也可以形成以碳酸成分为主的钙化木。

第三种成因的木化石，是生长在斜坡上的森林，由于受地震、重力或山洪暴发的影响，产生大规模的滑坡和泥石流，使森林遭到破坏，造成许多倒木堆，并被泥石流的泥沙、砾石深埋地下，在后期成岩作用中也可以形成成份各异的木化石。当山洪暴发时，可将树木连根拔起，顺流而下，倒木漂流和被搬运的距离可达几十至几百公里。在洪水退去后，木材被搁浅下来。如果这些木材长期被暴露于地表的空气中，它们就会慢慢地因腐烂而消失。但当它们被沙迅速掩埋后，也可以形成异地埋葬的木化石。

The Beautiful Stand

旖旎的挺立

第四种成因的木化石，情况更为复杂，当有森林火灾发生时，大片森林将被烧毁。但如果有暴雨降临时，森林大火有可能被雨水熄灭，剩下来的残留炭化树桩或断木，被冲入泥沙中，后来变成炭化木。或者在某些造煤的环境中，大多数木材因在泥炭沼泽中形成煤炭，但有少数木材也可以形成炭化木或丝炭。

第五种成因的木化石，是经过多次变质作用影响，形成“彩色奇石”状的木化石。它们原来可能只是一般的硅化木，但含木化石的岩层，如果地处极易发生区域变质或动力变质的构造带地区，木化石也会因母岩的变质而发生岩石矿物的重熔或重结晶现象，重新结晶的矿物，或多或少还可以保存原来木材的结构形态，但木材的细胞已多被破坏。

人和树木是永久的朋友，自从有人类出现，人、树木和木材就朝夕相处。人最早是居住在树上的。人类还是哺乳动物中惟一能够直立的，而树木也是高于草本植物而挺拔直立的。人和树木都有“枝干”和“肢体”。直至今天我们仍然被树木包围着，从居住的房屋，到使用的家具，还有办公用的纸张，等等，木材至少给人类提供了5000种产品及日用品。还有木牛流马，钻木取火都促进了人类文明的传承。

从我光顾它的那一刻起，我感觉阳光静默着从生长的树的缝隙里照进来，3亿多年前的阳光把金色的斑驳撒在它的身上，然后它释放出耀眼的光芒。从它一圈圈年轮中我似乎听到了它因生长发出的声音，从纵从横无论从哪一个角度观赏，我都看到了特别的茁壮与喜悦。

Silicified Rosewood
美艳如木

木化石，又称硅化木，是地壳变化的造山运动产生的物化品。木化石是林木的衍生物，一块或一截，木化石总是没有根须的，这不由让人联想起根。根总是朝土地义无反顾地扎下去。向下是为了前进，是穿透永远的黑暗；向上所输送的是土地的精华，创造一个绿色的世界。根的梦在土地上面，是土地上面撑开的不断传出鸟声的如盖绿云。无论是黎明还是黄昏，树的影子总是和根在一起，而对根总是一往情深。根的最大希望是：地球上所有的根将来能携手相联，使地球上处处有绿云环绕，绿风荡漾。

而这块木化石直径1.5米，通体玛瑙化，鲜艳美丽。

Pearl Stone
珍珠石

写作就有这个好处，写作者就有这个优势，可以依着自己的意愿为某一物种命名。有一幅世界名画《法国赋予英格兰以制海权》。我以为情同此理，都是自己心愿的满足。所以我很得意地为这块石头取名为珍珠石。

其实它是树，形似珍珠的圆是虫蛀的洞。破损的同时是真实的，更是美好的，因为我们的意愿远远超出了一个东西好与坏的普通概念，不是因为一个东西有了瑕疵就舍弃的简单。因为有了这个物种，世界因而变得多元。

Apollo
太阳神

创世纪之始，
宙斯拒绝给予人类构建文明所需的最后一物：火。普罗米修斯摘取一枝木本茴香，
走到太阳车前，将树枝点燃，持着火种降到地上。这是源于希腊的普罗米修斯盗火以济人类的神话。
普罗米修斯被西方誉为“太阳神”。
东方的中国也有自己的太阳神，叫后羿。
后羿射下的九个日头遗落哪去了？
其中一个坠落在了辽西，有图片为证。
这个遗失人间的太阳仍在燃烧发光，烈焰蒸腾。
摔碎的一角让人看见它的心是红的，
火热的，
它的生命是五彩缤纷的。
这块玛瑙化木化石直径一米，
可以想见，曾经的参天大树是何等茂盛，
人类未打扰地球前那个洪荒年代，
植物们是何等欣欣向荣，
领地是何等美丽开阔。

Geneva Cross

红十字

木化石，也称硅化木。常见植物化石的一种。一般是植物次生木质部组织被二氧化硅所替代而成。易在含硅较多的沉积岩、火山灰堆积，以及温泉附近的沉积中发现。我们从这粗壮高大的木化石中不难想象，亿万年前辽西地区森林的茂密，自然环境的秀美，绝对可与今天的亚马逊河沿岸的旖旎风光相媲美。

面对木化石，斗胆改几句毛泽东的词：把汝裁为三截，一截遗欧，一截赠美，一截还东国，绿色世界，环球同此凉热。

是谁有意或无意将化石摆放成了十字型。如果你把它看成黑色的十字，那么你祷告：安息吧，失去的森林；如果你把它看成红色的十字，那么，你行动吧，救护树木，保护森林。

Annual Ring
年轮

如一轮新月皎洁地照耀在地球之上，月晕也飘渺着用试探的眼神东瞧西望，是换了人间。是哪一家面目娇好的女子，嫦娥一般悄悄地纺线编织世间葱郁，祝愿岁岁平安。

这是一块树木化石，着眼一看年轮清晰可辨，如果细数我却如何用心也数不尽世上沧桑岁月。尺有所短，寸有所长。有了真爱，时间还重要吗？

Chang'e Mirror
嫦娥镜

贾平凹喜欢玩石头，并作《小石头记》。朝阳也有不少藏石发烧友，如山村教师邹本明收藏100多块形态各异、随影随形的“响石”。其石天然中空，里藏小碎石子，用手一摇，哗啦三响，如同拨浪鼓，甚是好玩。山村老汉郑才漫山遍野拣出个“石器收藏馆”。1000余件古代的石斧、石杵、石箭等藏品，包含着郑老汉30多年的欢乐与汗水。藏石者多数人性情也如磐石，坚不可催。

这块奇石圆如满月，光晕皓洁，天地造化，绝非人力所能企及。嫦娥奔月，是我们先人捕光捉影式的奇思妙想；光鉴石镜，反映出我们凡人的生活乐趣。藏石是件既费体力，又考验心智的营生，不磨破几层脚板，难觅奇石；没有非凡想象，奇石放到眼前，也成俗物。

Ancient Tree with New Branches
古树新枝

是新生的象征。
古老的断崖，一截亿年的古树携着当年的姿态，带着生前的幻想映入今人的眼帘。就在这棵枯树的近旁，绿藤缠绕着，肥厚的蕨草生长着，枝叶葱茏着。“野火烧不尽，春风吹又生。”新的生命蓬勃着、舒展着，寻找阳光雨露。宇宙不灭，植被顽强。

True or False World
真假世界

^

这里前排的景致没有绿色只有灰褐色的石柱却是真实的存在。后面背景衬托是绿色的却是人工的雕琢。在这里我没有说假话，在真实存在面前，谁都不能说假话，尽管有时候的假话是生活的必需。
世界都是辩证地存在，用无生命的东西反衬有生命的呼吸，是人的智慧。

Message Tree
消息树

对收藏家而言，红木家具价值连城；从科学的角度说，硅化木的价值远比红木价值大。其凝固的生命信息是我们打开大自然的钥匙。它向我们传递着亿万年前地球的生态、气候、动植物等演化讯息。

我们的古人早在2000多年前就对植物有了深刻认识。我曾对《诗经》中描述的植物做过粗略统计，诗中比兴的植物达130余种，比如棠梨树、木桃、乔松，等等。古籍《尔雅》不但记录、注释了大量植物名称，而且准确生动地描绘了这些植物的形态。

儿时，看过一本小人书，名《消息树》。今天，抚摩着无尽的沧桑岁月，探询这些倒下的“消息树”，怀想千古绿色，不免让人生出些许伤痛，几多爱怜。

Amazing Eyes
惊奇的目光

“哇！”这些曾经巨大的树木，引人关注的不仅仅是中国人，还有外国人，包括世界上一切热爱自然的人们。你看这个老外，虽然在照片上看不出他是哪个国家的，也叫不出他的姓氏名谁，但看清了他脸上的笑容和拇指的翘起和他眼神的钦佩与关注。化石，不仅是中国的财富，也是世界的财富。当时这个地方一定是风光旖旎，比他身上的花毛衣还要灿烂许多倍。

Woodpecker
啄木鸟

溶洞中自洞顶下垂的一种碳酸钙积淀物。当含有碳酸钙的水从洞顶往下滴时，因水分蒸发和二氧化碳的溢出，使水中碳酸钙淀积下来，形成凝固的石钟乳。

奥地利诗人里尔克在论及雕塑家罗丹时曾说："物。当我对你说出这个字的时候，便产生了一片静。"现在呈现在你面前的这尊大自然的雕塑品，便是这样静态的物。光与影相依相偎，静与动和谐相处。如此眩目的静谧，动在何处？风不动，物亦不动，是心动。树叶早已化为泥土，树干早已石化，栖息了千万年的啄木鸟，仍"笃笃"地啄着，铁石心肠的人，心也会动的。我们听到一种声音，叫"执著"。

这是比《思想者》更引发人们思考的自然雕塑品。

Layout
布局

现代人如此的繁琐。其实简单简约是人类终极的追求。先人和自然界比我们现在的人类轻松得多，也聪明得多。你看，人类用了如此机械化的手段把零散的山间之物聚拢，又绞尽脑汁地设计着如何排列才更具美感和原始风貌。细想这又没什么错，自己受累也是为了后人的方便。自然是巧妙的结合，是需要我们花费许多的工夫拼接的，更需要我们合理布局的智慧。

北票四合屯1号地点

Magical World Civilized Historic City

神奇世界 文明古都

其他类

Other Species

朝阳地区没有一个县（市）区没有化石埋藏，全地区已经发现的化石产地达近百处，所发现的古生物种类之多，几乎囊括了中生代向新生代过渡的所有生物门类。中国科学院古脊椎动物与古人类研究所副所长王元青博士说：“热河生物群代表了地球中生代生物更替的全过程，也是新生代生态体系的摇篮”。 美国著名古生物学家奥斯特罗姆说：“世界上没有其他地方在如此关键的时间，保存如此完好的、如此多的化石群落！”化石的发现使朝阳一举成名，为世界所瞩目。

Setting Out with Warmth

带着温暖上路

《辞海》上没有袋兽动物这个词条，只说了袋鼠："哺乳纲，袋鼠科。体大小不一；雌兽腹部有一育儿袋。前肢短小，后肢发达，第四趾特别大，适于跳跃。以植物为食……"不敢说它是袋鼠，只能说它是袋兽。

Going Home
回家

朝阳作家邸玉超出版小说集，名曰《呼吸的石头》，亏他想出这么精彩的名字。文学源于生活，特色归于地域。化石是有生命的石头，是能呼吸的石头。他得了化石的精髓与神韵。一个“呼吸”，道出了所有喜欢古生物化石人的真切感受。
我把这方龟化石称为“夫妻龟”。龟是有神性的，古人用龟甲占卜吉凶，把龟看成神奇的动物。似乎凡有母性的都具神性。这两只龟刚刚爬上柔软金黄的沙滩，丈夫昂首探路，护卫妻子前去产卵育子，妻子急切相随，一副“执子之手，与子偕老”的恩爱模样。
我听到亿万年前的呼吸声。
声声不息。
生生不息。

Dead Sleep
沉睡

哺乳动物是脊椎动物中最高等的一个类群，由爬行动物进化而来，有毛，一般分为头、颈、躯干、四肢和尾五个部分，用肺呼吸，体温恒定，脑较大而发达，胎生，有四足。

This Old Turtle
这头老龟

热河生物群的龟类化石最初由日本学者研究，20世纪40年代创立了满洲龟属。近年来，在朝阳北票四合屯等地发现了大量满洲龟化石。龟为爬行纲。背上长甲，四肢随生活环境而有不同的适应变化，陆上生活的适于爬行，水中生活的，或趾间具蹼，或变为鳍足状，都适于游泳。满洲龟属于隐颈龟类，生活在白垩纪的淡水湖中。如今的朝阳小凌河川仍生活着许多龟、鳖。

龟为长寿之物。《庄子•秋水》曰："吾闻楚有神龟，死已三千岁矣。"而曹操北征乌丸直捣柳城（朝阳）后，登临碣石，慷慨抒怀："神龟虽寿，犹有竟时；老骥伏枥，志在千里。"日本人视龟为吉祥物，中国人把龟与女人不贞联系在一起。不同的文化产生不同的观念；不同的观念产生不同的思想。

Calling Toad
鸣蟾

两栖动物，体中有响器，叫声高亢宏亮。响器往往演变为乡间叫卖的代音器。豆腐匠的哨音、卖油翁的小铜锣、货郎的拨浪鼓……货郎的拨浪鼓有两个别致的雅号："惊闺"与"唤娇娘"。把本来极其简单的买卖关系弄得浪漫起来，仿佛一个眼神，一曲情意绵绵的民谣，听了叫人难以割舍。至于其他响器，如锯锅锯碗锯大缸，弹棉花收破烂的，也各有千秋。

总之，响器在人们的日常生活中扮演着极其普通而重要的角色，即使有的现在难觅其踪，那一声声抑扬顿挫的旋律依然珍藏在人们的记忆中。

"枕下轻寒窗外雨，陋巷蛙声听未真。"昨天还是圆鼓的体态，如今只剩下了干瘦的骨骼，却鸣叫着告知今人："我在！"

Breaststroke Coach
蛙泳教练

尽管对此有过描述，又一次选图的时候我还是看中了它。至今游泳增强自己的体质，最标准的应该是蛙泳。曾在真实的水边，观察真实的青蛙，就是这个样子的，一下一下在水中完成自己。
它一定是在活跃的时候死去的，而让死去变成永生，构成不朽。

Tortoises'Conquest of the Sea
群龟闹海

这块长约1.3米、宽1米的石板上生长着12只龟——满洲龟，他们是一个部落亦或一个家族，生活在东北、内蒙一带。而我们看到的这些龟是世界珍奇，产于北票上园镇四合屯。晚侏罗——早白垩世义县组下部。个体中等大小，头骨极端短宽而扁平，两下颌支以大的角度68°相交，下颌缝合部短。鼻孔小，向前上方张开。眼眶椭圆形，面向前侧上方。甲壳低平，背甲完全骨化，略呈短圆形，前喙中部内凹。椎盾短宽。
龟为爬行动物，壳硬，头脖细，能伸缩，背隆起，四肢短小，生活在水边。那天，他们是为了怎样的一件事而集体出发，游戏？觅食？
在社会生活中，人们把胆小怕事的行为喻为“缩头乌龟”；污辱人格也往往以“龟”喻之。然而，龟的能屈能伸的特质，恰恰正面反映了人性中的豁达。豁达的人，能伸能屈。知进知退，经得起挫折失败。豁达的人，不计较一城一地的得失。得之淡然，失之泰然，故而能成大事。豁达的人心胸开阔，为人宽厚，与人为善，最后自己也不吃亏。豁达的人，看轻身外之物，不以物喜，不以己悲。因而豁达的人少有的是烦恼，心态健康，长寿者多。那么，如果我们力所不及，做不了能人、伟人、巨人，何妨不做一个豁达大度的人？

Fractured Innocence
断裂的清白

断裂，是一种警示，是一种宣泄，是一种清白，是一种说明。

在北票四合屯有一座化石博物馆，馆里除了地上排列着几具不规则的著名的化石外，引人瞩目的，争相留念的当属当作背景的断层。那是人们寻找化石时的足迹，也是科学家弄清地壳每一生长状态的每一层面留存的最好的参照系。在博物馆有专家给我们讲着每一层次的每一次变迁与生物的生长。

在室外，引人瞩目的仍然是那条断裂带，构造层层叠叠，颜色深深浅浅，如果你想挖多深它便有多深，它是深入大山腹地的，没有止境的；如果你想拷问，它便用无声的语言与你对话，回答你的却是亿万年厚重的思绪。尽管无言却深刻。

Difficult Imagination
艰难的想象

牙齿的玛瑙化，超常规的下颌，上唇明显短于下颌的是个什么东西？
百思不得其解，就不解。
号称美食的我，总是在想它是如何进食的呢？
一定是仰食的，抑或两侧？
不方便，遭天绝。
怪了，自然存留一个奇迹，而奇迹孤独。
标示牌上说：板齿象头骨。

Fossil Mecca——Sihetun Village
化石圣地——四合屯

辽宁北票的一个小山村。

1923年的一天，美国哥伦比亚大学教授葛利普来到辽西，随手拣起几块鱼化石。回京后，他对辽西中生代的地层和古生物作了深入考察和研究。并将辽西盆地含火山岩的河湖沉积和含煤的地层命名为“热河群”。1.4亿年到1.1亿年的白垩纪早中期，热河群沉积时，盆地内岩浆活动强烈，火山时常爆发，造成生物集群死亡，被火山灰掩埋而成化石，这就是我们常说的“热河生物群”。

20世纪90年代，世界的目光聚焦到辽西北票四合屯，中华龙鸟等珍奇化石的发现震惊了古生物学界，北票被誉为中国的“索伦霍芬”（德国始祖鸟产地），世界化石大宝库。四合屯古生物化石异常丰富，计有鱼类、鸟类、恐龙、蜥蜴、无脊椎动物、种子植物等各门类，几乎涵盖了现代所有的生物门类的祖先类型。

四合屯的山很小，仿佛是座城堡，一座火山灰湮灭的“庞贝城”，掩埋着无数远古的生灵。真的是：山不在高，有仙则灵；水不在深，有龙则灵。

小村的清晨，有阳光跳跃着，照耀在小村的每一个角落；小村的黄昏，西下的夕阳依然把小村笼罩在她的怀中。不论是晨还是昏，小村上空飞翔着世上第一只鸟，路边的小径上开放着世界上第一朵花。如今，静谧的小山村，还是静静的吗？或许在袅袅上升的炊烟中，升腾起来的还是村民无言的激动？尽管现还很寒冷，但每到春季这里的绿色生命把积攒了一年的活力迸发，绿树总会扬花。

Maybe Break a New Path

或许别开生面

写作这本书之前，还没有见过有关化石类的书有这样的叙述。

无独有偶，我的龙源系列的第一本书《笔走龙源》就有一个文体归类问题。《笔走龙源》讲的是朝阳地区文物古迹、自然风光的状况，是一个大众普及本。于是，我拿着去参加社科类图书的评奖，评委们有争议。其一，这是一本文学的书；其二，用文学的语言写就的大众读物。这次社科类图书评奖，最后以意见的不统一而与奖项无缘，但最后还是得到了辽宁文学奖，认定了散文随笔的体裁，虽说当时也有争议，但文学强调的是百花齐放。

这本《石魂》也存在着《笔走龙源》类似的问题，书题是朝阳市人大副主任、本书的主编金振华先生所赐。散文化的，比起“朝阳化石”类的标题有更深刻的涵义。接受了这个题目也就是接受了此书用散文的手法书写。难度在于不管用什么手法写作，化石的本性不能改变，科学论证的性质不能离开；难度还在于，把这些科学理性的存在文学化，使读者在阅读中产生愉悦，接受形象文字的表达，进而更容易接受朝阳化石的独特魅力。

书题确实不错。因为石头是有灵魂的，尤其是化石，不论植物、动物至少都有一种生灵在石上演变，告诉人们自然界的更迭。

Postscript 石魂 | 后记

这本《石魂》以朝阳上河首化石馆的化石为起点，历数精品，开合想象，把最美好的东西呈现给读者，这是这本书的目的。目的达到，笔者释然。

感谢领导及朝阳古生物化石博物馆同志们的信任，将化石文化这部大书交给我来完成；感谢摄影家王学敏、张秋良、金辉、刘长华等同志的精心拍摄；尤其感谢两位英文译者：辽阳县中等职业技术专业学校英文教师李实及辽宁秋阳翻译集团洪斌翻译。

作品的完成，喜悦如冬日温暖的阳光，明媚而美好。尽管写作过程有些力不从心，有些不尽如人意，有些忐忑不安，但也只好如此了。

期待下次有所突破。

李学英　　作家

2008年12月25日